核与辐射安全科普系列丛书之三

核燃料循环
辐射环境影响和管理

环境保护部核与辐射安全中心　编著

中国原子能出版社

图书在版编目（CIP）数据

核燃料循环辐射环境影响和管理 / 环境保护部核与辐射安全中心编著 .
— 北京 : 中国原子能出版社 , 2015.12
（核与辐射安全科普系列丛书）
ISBN 978-7-5022-7042-1

Ⅰ . ①辐… Ⅱ . ①环… Ⅲ . ①辐射防护 – 普及读物
Ⅳ . ① TL7-49

中国版本图书馆 CIP 数据核字 (2015) 第 315518 号

核燃料循环辐射环境影响和管理（核与辐射安全科普系列丛书）

出版发行　中国原子能出版社（北京市海淀区阜成路 43 号　100048）
策划编辑　付　凯
责任编辑　付　凯
责任校对　冯莲凤
责任印刷　潘玉玲
印　　刷　北京新华印刷有限公司
经　　销　全国新华书店
开　　本　710 mm × 1000 mm　1/16
印　　张　5.5
字　　数　108 千字
版　　次　2015 年 12 月第 1 版　2017 年 10 月第 2 次印刷
书　　号　ISBN 978-7-5022-7042-1　　　　定　价　30.00 元

订购电话：010-68452845　

《核与辐射安全科普系列丛书》编委会

《核燃料循环辐射环境影响和管理》编写人员

主　编

张　露

编写人员

张　露　刘瑞桓　李炜炜　李宇轩　汪　萍　蒋秋岩　盛　青　吕彩霞
滕柯延

总　序

日本福岛核事故后，核电的安全性再一次在全球范围内引起广泛关注，但大多数公众对核能的认知还是停留在事故和灾难的阴影中。核电的社会接受度问题成为核能发展的重要瓶颈。就我国而言，还存在着公众对核与辐射知识匮乏，科普工作较为滞后，公众参与程度较低，信息公开透明程度不够，有效的信息反馈机制缺失等问题。因此，创新和完善核与辐射安全科普宣传体系和手段，提升核与辐射安全科普宣传实效，是提升国民科学素养，营造核电良好外部发展环境，提高公众对核电发展的接受度的有效途径，对促进核电事业安全高效发展具有重要意义。

为普及核与辐射安全知识，增强科普培训的针对性和有效性，国家核安全局核设施安全监管司委托环境保护部核与辐射安全中心制作针对不同对象的包括多媒体演示课件和配套文字资料的科普培训系列材料。经项目组多次讨论研究，目前该系列材料分为核能、核电、核燃料循环辐射环境影响和管理、核燃料循环、辐射防护、核技术利用、电磁辐射、核与辐射安全监管和核与辐射应急九篇，后续将根据需求进行续编。

本培训材料编写的目的，首先是让普通公众喜爱看，然后是看得懂，最后达到信任的目的，这是编写过程中一以贯之的理念。为保证科学性（写准），实用性（针对性），趣味性（喜闻乐见），编写过程中力求通过“三化”，即“专业化、通俗化、图示化”来实现上述“三性”。此外还要注意处理好专业与通俗，全面与片面，严肃与活泼，风险与利益，编写人的认知与公众的认知的平衡；同时结合时事热点，收集网络上错误的观点，通过反面问题来说明；尝试在编写中体现艺术感，具有一定的审美意识，表达核安全文化的人文关怀，这是更高一层的要求。

核能发展，科普先行，只有让更多的人走近核能、了解核能、信任核能——这一高效、清洁的非碳能源，核能才能实现高效安全的健康发展。

由于时间仓促，加之编写组实践经验和认识水平有限，难免有错误或不当之处，衷心盼望有关专家和广大读者不吝赐教，提出宝贵意见，以便改正。

《核与辐射安全科普系列丛书》编委会

2015年12月10日

序 一

随着文明的发展，人类在环境和能源问题上面临重大挑战，寻求清洁、高效、可靠的新能源势在必行。2015年联合国发展峰会上，中国发出了“探讨构建全球能源互联网，推动以清洁和绿色方式满足全球电力需求”的倡议，阐明了中国发展清洁能源的立场。为应对能源形势的新挑战，我国“十三五”规划中将能源结构调整作为下一阶段发展的主要着力点。积极推进能源供给侧改革，必须倚重清洁能源技术。核电作为清洁能源中一种成熟的基础能源，在改革进程中必将发挥重要作用。

积极推进核电建设不仅是我国重要的能源战略，也是国家“一带一路”和“走出去”战略的客观需求。近年来，我国风电、水电、太阳能等清洁能源和可再生能源获得突飞猛进的发展，但核电装机总量却仍处于低位。目前我国在运核电装机容量仅占电力总装机容量的2%左右，而一些发达国家则远高于此。如核电占比世界第一的法国，其核电装机容量占比高达77.7%，韩国为34.6%，俄罗斯为18%，美国将近20%。即便顺利实现规划目标——到2020年，我国在运在建核电总装机容量达到8 800万千瓦，其在我国能源总规模中占比仍然不大。为此，必须积极推进核电的安全高效发展。

我国运行核电机组安全业绩良好，迄今未发生国际核事件分级（INES）2级及其以上的运行事件，运行指标普遍处于世界核电运营者协会（WANO）中值以上，核设施周边环境辐射水平处于正常范围，核电厂的核辐射安全都处于受控状态。即便如此，仍然有许多公众对核与辐射安全不够了解，甚至存有误解。自日本福岛事故以来，人们似乎谈“核”色变，一方面斥责火电高能耗、高污染，一方面对核电的安全性存在顾虑。与此同时，国家对维护公众在重大项目中的知情权、参与权和监督权也愈加重视，公众意见已成为核能及相关项目能否落地的决定性因素之一。多方因素表明，核与辐射安全相关的科普宣传及与公众的沟通亟待加强。

《核与辐射安全科普系列丛书》首次从监管的视角，立足于核与辐射安全，从多个角度较为系统、全面地介绍了核能利用及其监管、核与辐射安全相关知识。系列丛书分为核能、核电、核燃料循环辐射环境影响和管理、核燃料循环、辐射防护、核技术利用、电磁辐射、核与辐射安全监管以及核与辐射应急等九个部分，丛书坚持以科学性为本，兼顾趣味性和通俗性，图文并茂，深入浅出。语言、示例贴近生活，形象又不失准确；数据、结论来源权威，审慎且不失活泼。为大家了解核能、核技术及核与辐射安全提供了一套较为容易“读懂”的读物。

写一套好的科普读物并非易事，好的科普书在于唤起公众的兴趣、提升人文情怀和传播正能量，相信这套丛书将把核电的安全和环保介绍给公众，更促进我国核电的安全高效发展。同时希望读者多提宝贵意见和建议，以便及时修订完善。最后，衷心感谢编者们为我国核能利用发展、公众沟通和环境保护所做的努力和贡献。

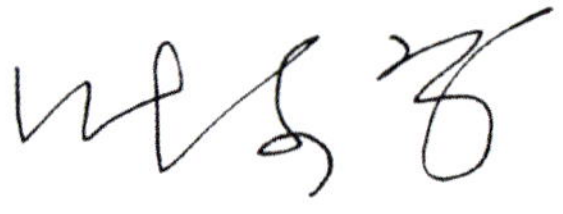

序　二

正处在工业化、城镇化发展阶段的中国，在追求经济发展同时也肩负生态文明建设的艰巨任务，可靠、稳定、安全、清洁、低碳的电力供应是国家经济发展和生活稳定的必要条件。面对环境治理和气候变化的挑战，安全、高效地发展核电是中国走向能源清洁化、低碳化的重要选择。核能利用，是一种大规模产生能源的方式，神奇但是并不神秘，如果管理得当，它将为我们带来巨大的社会效益。然而，就在我国意在大力发展核电的同时，却遭遇到了重重阻力。2016年4月1日，习近平在第四届华盛顿核安全峰会上的讲话中说，“学术界和公众树立核安全意识同样重要。我们还要做好核安全知识普及，增进公众对核安全的理解和重视。”国家核安全局局长李干杰曾指出，目前核电发展面临的最大的问题、最大的约束和瓶颈，不是技术问题，而是公众沟通、公众可接受度的问题。

公众对核与辐射安全的接受度与其对核与辐射安全的认知、态度、行为有着极其重要的关系。改变及提升公众的认知、态度、行为，必须开展行之有效的公众沟通工作，而科普宣传则是公众沟通工作中重要的一环。核与辐射事件和事故作为当前重要的突发环境事件，如果处置不当，就可能引发远超事故本身影响范围的社会公共事件，科普宣传开展的好坏直接影响涉及或参与事件人的反应，成为影响事件应对好坏的关键所在。比如2009年河南杞县的卡源事件最终演变为大规模的公众恐慌事件，究其主要原因是公众对放射源知识的缺乏。我国虽然很早就开展了核能和核技术开发利用工作，但长期以来对核与辐射安全文化的宣传和培育不足，大多数人的核与辐射知识十分匮乏，加上一些不恰当的宣传和误导，给核科学技术蒙上了一层神秘的面纱，公众对于核与辐射极度敏感，谈核色变。

《核与辐射安全科普系列丛书》从核能、核电、核燃料循环辐射环境影响和管理、核燃料循环、辐射防护、核技术利用、电磁辐射、核与辐射安全监管以及核与辐射应急九个方面，用尽可能通俗易懂的语言全面、系统地将核能与核技术利用的方方面面进行了讲解。

当然，由于在专业性和通俗性的统一上，存在一定的难度，该系列丛书难免会有一些瑕疵和不足，但是编者们在核与辐射安全知识科普工作中表现出的社会责任感和探索精神值得尊崇。且这类科普读物正是目前我国核电发展和社会公众所急需的，希望大家通过阅读这套丛书，既能认识到核能和核技术造福人类的巨大价值，同时也能正确理解核与辐射对环境和人类的影响及其潜在危害性，增强理性应对涉核事件事故的能力，促进核能与核技术更好地造福于人类。

潘自强

前　言

本书分为八部分内容，重点讲述了三个问题：核燃料循环辐射环境影响、核燃料循环设施的污染物排放管理要求和建设项目的相关监督管理要求以及核燃料循环环境保护工作的公众参与。

核燃料循环辐射环境影响和管理由前四部分组成。第一部分结合我国目前的能源现状以及化石能源造成的环境污染说明为什么要发展核能以及核能有哪些优势。第二部分讲述什么是核电和核燃料循环，并以此引出核能发展的最大环境风险是辐射环境污染。第三部分说明评价辐射环境影响的最重要的指标。第四部分说明核燃料循环辐射环境影响是否达标。

核燃料循环设施的污染物排放管理要求和建设项目的相关监督管理要求包括第五部分和第六部分。第五部分从环境管理的角度介绍了核燃料循环设施三废管理的基本要求，第六部分介绍了核燃料循环设施建设的环境保护管理制度；“三同时制度”“环境影响评价制度”及“竣工环境保护制度”。

核燃料循环环境保护工作的公众参与包括第七部分和第八部分。第七部分从环境影响评价的角度介绍了目前我国涉核项目公众参与的程序和参与形式，第八部分列举了公众较为关心的涉及核燃料循环辐射环境影响与管理的相关问题及解答。

本书由张露主编，第一章由刘瑞桓、李炜炜执笔，第二章由汪萍、刘瑞桓主笔、第三章由李炜炜、李宇轩执笔，第四章由盛青、张露执笔，第五章由张露、汪萍主笔，第六章由滕柯延、张露执笔、第七章由蒋秋岩、张露执笔，第八章由吕彩霞、张露执笔。

目　录

第一章

为什么要发展核能？

第一节 能源现状

能源是人类社会发展的先决条件，是国家经济发展、人民生活水平提高的重要物质基础。谈及能源，人们最容易想到的，也是利用最广泛的莫过于电能。很难想象长时间、大面积的停电所带来的后果：全球陷入黑暗，通信系统、公交系统瘫痪，各项生产停滞。

人类现在利用的电能主要是依靠煤、石油和天然气等化石能源转换得到的。据世界能源理事会世界能源统计，年鉴统计2014年中国及世界总计能源消费比例如表1-1，图1-1、图1-2所示。不论是全世界范围还是中国，原油、天然气、原煤等不可再生能源的使用占据了绝大比例，世界合计占比85.8%，中国占比高达89.1%。

表1-1 2014年中国及世界总计能源消费比例表

	原油	天然气	原煤	核能	水力发电	再生能源
世界总计	32.1%	23.7%	30.0%	4.4%	6.8%	3.0%
中国	17.5%	5.6%	66.0%	1.0%	8.1%	1.8%

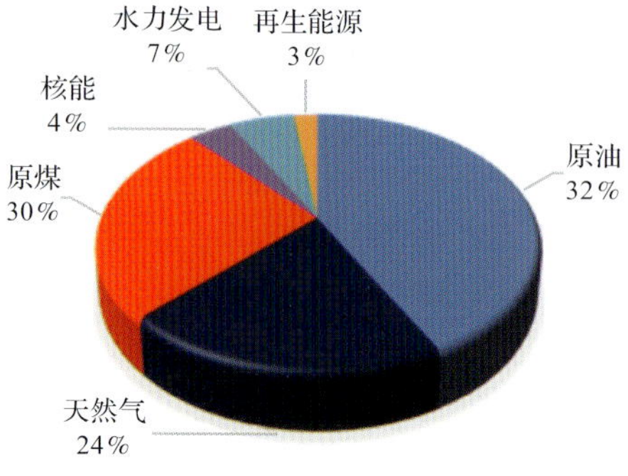

图1-1　2014年世界能源消费结构图

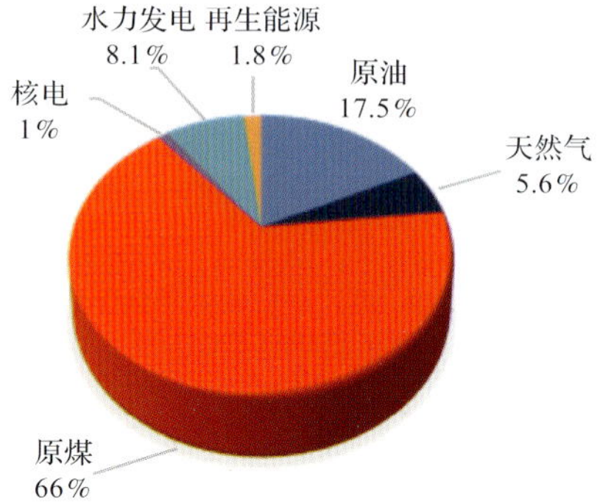

图 1-2　2014年中国能源消费结构图

与此同时，世界人口的增长趋势依然十分迅猛。根据美国人口调查局的估计，截至2013年1月4日，全世界共计70.57亿人。到2014年猛增至77亿。据我国国家统计局官网显示，中华人民共和国国家人口在2014年年底达到137 782万人，2014年人口增长率为5.21‰，虽然人口老年化趋势严重，但短期内我国人口仍会持续增长。

据国家统计局统计，2003—2012年近10年来，我国人均能源生产量（千克标准煤），人均电力生产量（千瓦小时），人均能源消费量（千克标准煤），人均电力消费量（千瓦小时）均持续提高，详见图1-3。

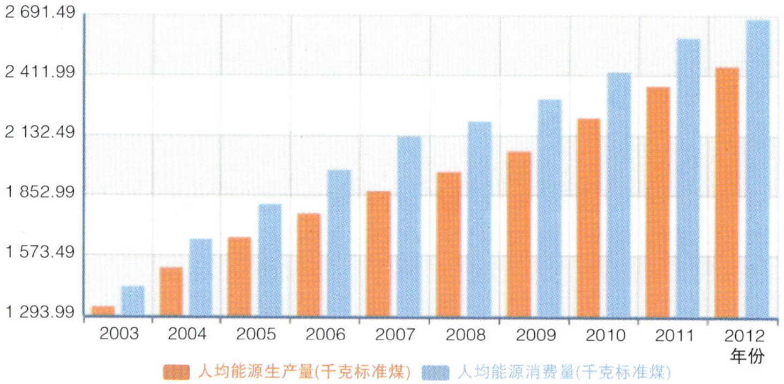

图1-3　2003—2012年我国人均能源生产及消费情况

虽然我国的能源消费总量已居世界第一，但由于目前我国的经济发展和经济活动水平有限，能源的平均消费水平还很低，今后，伴随着经济的发展，能源消费需求量还将大幅度增长。

按照中国长期的经济发展目标，2020年前经济将继续保持持续的高速增长，实现GDP总量在2000年的基础上翻两番，达到全面实现建立小康社会的目标。能否实现这一目标，能源供应将成为至关重要的因素。从目前人均GDP达到25 000美元的国家的能源消费水平来看，没有一个国家的人均能耗低于4吨标准油，假如2050年时中国的人口维持在15亿左右，中国的社会、经济发展结构以及人们的生活方式等同于现在25 000美元的国家状况，届时中国的能源消费量将达到60亿吨标准油，这一能源需求量约为目前世界能源消费总量的65%，为目前中国能源消费量的4.8倍，虽然这一简单的匡算并不具有科学性，这一情景也不可能发生，也没有条件发生，但它展示了一个难以回避的问题，这就是未来中国经济的发展必将面临巨大的需求增长压力。

前瞻产业研究院发布的《中国分布式能源行业发展前景预测与投资战略规划分析报告》显示，从国内能源资源的情况来看，虽然中国煤炭资源比较丰富，但石油、天然气资源相对贫乏。2013年，中国的天然气新增探明地质储量6 164.33亿立方米，已连续三年每年新增探明超过6 000亿立方米，但探明总储量仍低于世界天然气探明总储量的2.0%。由于人口基数巨大，中国人均能源资源占有量远比世界平均值要低，人均煤炭占有量仅约为世界人均水平的1/2，石油仅约1/10，而天然气仅约1/20。从长期来看，国内能源供应将面临潜在的总量短缺，尤其是石油、天然气供应将面临结构性短缺，因此，能源有可能再次成为制约经济发展的“瓶颈”。

人类对能源的需求量在增长，化石能源等不可再生能源却是用掉一点少一点，这导致了现阶段的能源供需矛盾。而且，化石能源是宝贵的化工原料，简单烧掉十分可惜。

第二节 化石能源粗放使用与环境污染

环境污染作为动词，是指自然的或人为，向环境中添加某种物质超过环境的自净能力而产生危害的行为，或由于人为因素，环境受到有害物质的污染，使生物的生长繁殖和人类的正常生活受到有害影响。

作为名词，是指由于人为因素使环境的构成或状态发生变化，环境素质下降，从而扰乱和破坏了生态系统和人类的正常生产和生活条件的现象。

从人类现有认知看，大量化石能源的燃烧或粗放使用会带来环境影响。燃烧煤、石油、天然气时向大气中排放二氧化碳、甲烷、二氧化硫、氮的氧化物、烟尘等，若不经过控制和有效处理则会造成严重的环境污染。

1. 温室效应

化石能源的主要成分是碳元素。碳完全燃烧时会转化生成二氧化碳。化石能源的消耗越大，排入大气中的二氧化碳也越多。二氧化碳等温室气体具有反射红外辐射的特性，可使地球吸收太阳辐射的能量比向外辐射的能量多，形成全球性的“热罩”，这就是“温室效应”。适度的温室效应对人类是有好处的。它使地球成为一个适合于生物生存的星球。但由于能有效调节吸收二氧化碳的森林被大量砍伐，大气中的二氧化碳等物质越来越多，大气的温室效应也越来越强。

虽然，专家们对于“温室效应”的加剧还有不同看法，但普遍认为，“温室效应”加剧将引起地球平均气温升高，进而可能导致冰川融化（见图1-4）、病虫害增加、海平面上升、气候反常、土地沙漠化等一系列问题。

图1-4 无“地”可去

2. 酸雨

燃烧化石能源产生的二氧化硫、二氧化氮等则是形成酸雨的主要原因。这些气体可以溶解在雨水中，最终形成酸雨，重新落回地面，造成土壤酸化，金属腐蚀等一系列危害。

酸雨的正式名称是酸性沉降。是指pH小于5.6的雨、雪、雾、雹等大气降水。它可分为“湿沉降”与“干沉降”两大类，前者指的是所有气状污染物或粒状污染物，随着雨、雪、雾或雹等降水型态而落到地面，后者是指在不降雨的日子，从空中降下来的灰尘所带的一些酸性物质。酸雨破坏力极大，图1-5便是酸雨的“杰作”。

图1-5　以“泪”洗面

3. 雾霾

雾霾天气是一种大气污染状态。雾霾是对大气中各种悬浮颗粒物含量超标的笼统表述，尤其是PM2.5（空气动力学当量直径小于等于2.5微米的颗粒物）被认为是造成雾霾天气的“元凶”。随着空气质量的恶化，阴霾天气现象出现增多，危害加重。中国不少地区把阴霾天气现象并入雾一起作为灾害性天气预警预报，统称为“雾霾天气”（见图1-6）。现阶段研究成果认为，二氧化硫、氮氧化物以及可吸入颗粒物这三项是雾霾的主要组成，前两者为气态污染物，最后一项颗粒物是加重雾霾天气污染的罪魁祸首。化石能源的粗放燃烧，三者都能产生。

图1-6 雾霾下的城市

第三节 发展核能是解决能源危机的有效途径之一

可利用的化石能源越来越少，人类发展需求的能源却越来越多，保护环境的要求也越来越高。三者相互约束（见图1-7），构成了现在迫切需要解决的能源危机，解决途径之一就是：寻找能替代化石能源的新型能源。

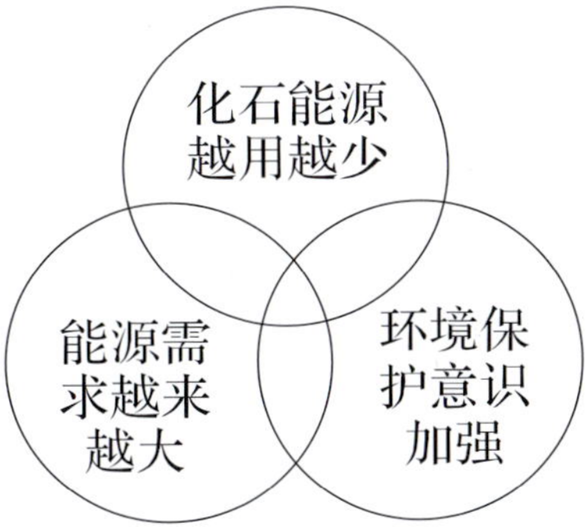

图1-7 化石能源储量、能源需求和环保意识三者约束关系

替代化石能源的新能源种类繁多，大体可以分为两类：一类是可再生能源，另一类是不可再生、但储量很大的能源。

可再生能源包括太阳能、风能、生物能、水力资源（水能）、地热能和海洋能（潮汐能、波浪能、海水温差能等）等，可再生能源由于可以长期使用，具有较大吸引力。但实际上，尽管近年来，太阳能、风能等可再生能源的利用已取得到巨大进步，但得到广泛利用的只有水力资源，地热能和海洋能等能源的规模应用相差更远。事实证明，水力资源的大量、无序开发利用，也会导致一定程度的环境影响。由此可见，可再生能源的稳定有效利用还任重道远。

在另一类的不可再生、但储量很大的能源中，目前能得到广泛利用、技术较为成熟的就是核能。核能是一种优秀的替代能源。

1. 核能有利于改善环境，保障能源安全

与火电厂相比，核电厂不排放二氧化硫、氮氧化物、二氧化碳和烟尘颗粒物等。一台百万千瓦核电机组每年可减排二氧化碳600万吨，二氧化硫2.6万吨，氮氧化物1.4万吨。发展核电替代部分煤电，可以减少污染物的排放，减缓地球温室效应，改善自然环境，实现能源与环境协调发展。

同时，核能利用是一种大规模产生能源的方式，有利于缓解我国过重依靠化石能源的困局。多种能源布局，避免过分依靠单一能源，对国家的能源安全提供了必要的保障。有利于保障我国的能源安全。我国明确提出要推进水电开发，安全高效发展核电，大力发展风电，加快太阳能发电，积极发展地热能、生物质能和海洋能。其根本目的是为了进一步合理调节我国的能源结构，满足《中美气候变化联合声明》中提出的“2030年，我国将非化石能源在一次能源中比重提升到20%”的要求。

2. 核电是高效的能源

1千克^{235}U的原子核全部裂变，可以释放出相当于2 700 000千克标准煤完全燃烧放出的能量。一座百万千瓦级的核电厂每年只需补充一次约30吨的核燃料。同样规模的火电厂每年需要燃煤约300万吨，仅每天就需要一列40节车厢的火车来运输。从单位质量转化成能量多少的角度讲，核电是高效的。但从能量利用效率讲，还需提高核电利用技术。

3. 核电是经济、可靠的能源

经近30年的发展，目前国内核电发电成本已低于脱硫脱硝火电厂的发电成本，远低于风电、太阳能等新能源的发电成本。随着煤炭、石油等非再生化石能源的日益紧缺，核电的经济性优势将更加凸显。核电厂设备技术和质量标准要求高，年设备利用率远超常规火电厂，同时核电是高负荷因子大功率密集性的能源，装载核燃料后可连续运行18个月，几乎不受外界资源、环境的影响或制约，在供给可靠性方面，核电具有火电、水电、风电、太阳能等能源不可比拟的优势。

第二章 核能利用会带来环境影响吗

第一节　什么是核能？

物质由分子构成，分子是由原子构成的，原子是由原子核以及围绕原子核的电子构成，原子核是由结合在其中的质子和中子构成的。每个原子核都有固定的数目或比例的质子和中子。1942年，世界第一座核反应堆运行成功，标志着人类开始掌握了一种全新的能源——核能。核能是原子核反应释放出的巨大能量，核能涉及的是原子核变化，也就是说，在产生核能的过程中，原子核发生了变化，由一种原子核变成了另外的原子核。原子结构如图2-1所示。

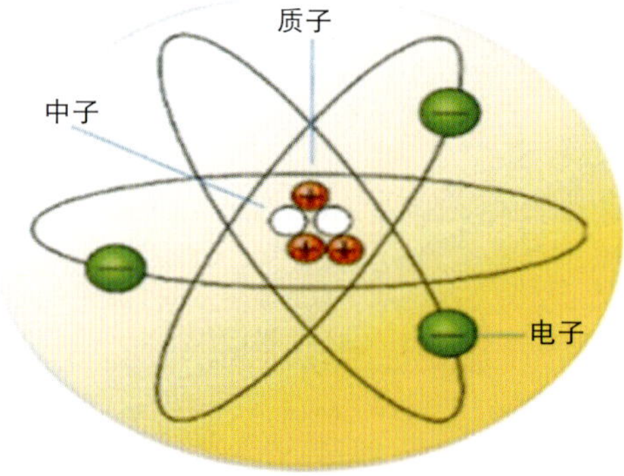

图2-1　原子结构图

核能可分为两种，一种称为核裂变能，简称裂变能；一种叫核聚变能，简称聚变能。

核裂变能是重原子核裂变时放出的能量。例如，一个^{235}U原子核在中子的作用下裂变产生两个较轻的原子核，在这个过程中释放出的能量就是核裂变能。核衰变也可简单理解为核裂变的一种，主要是指某些放射性核素原子，会自发的发生变化释放出能量或离子，如α、β、中子，伽马射线等。如^{235}U原子核也能自身衰变释放出中子和能量。这些释放出的能量或离子，可与人体或周围的其他物质发生相互作用。自然界很多放射性核素造成的辐射影响，大都是因为这种原因。裂变反应过程如图2-2所示。

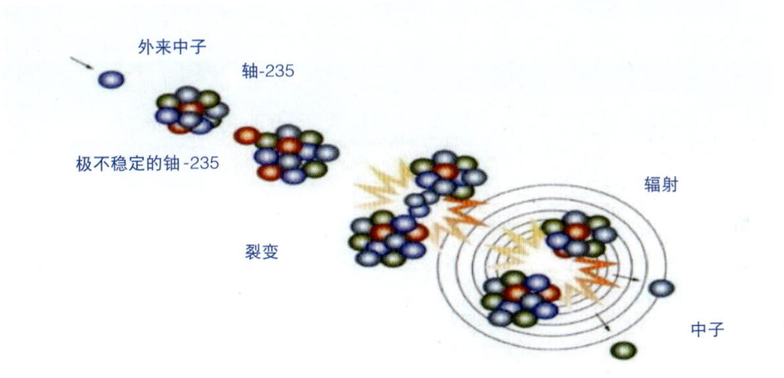

图2-2　裂变反应

核聚变能是指两个轻原子核结合在一起释放出的能量，例如氢的同位素氘和氚的原子核结合在一起生成氦，在这个过程中释放出的能量就是核聚变能。聚变反应过程如图2-3所示。

到目前为止，核裂变能已具备工业应用规模，而核聚变能只实现了军用，如氢弹。因此，现在我们所说的核能，一般指的是核裂变能。

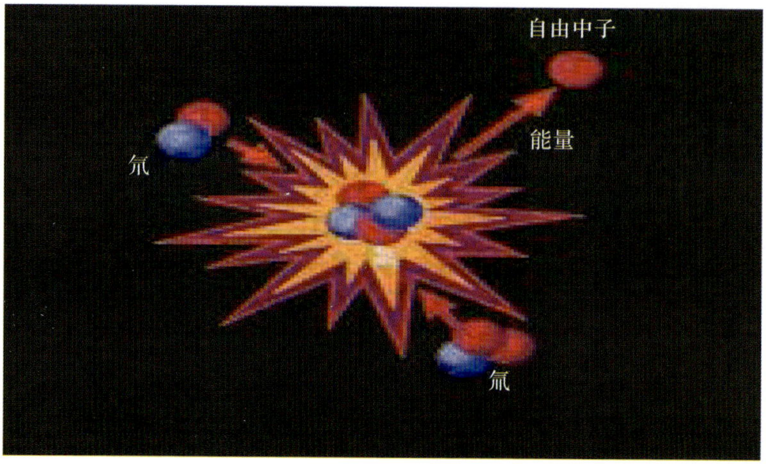

图2-3　聚变反应

原子核反应时释放的能量到底有多大呢？爱因斯坦的质能转化方程，是计算核能的基本公式。可简单认为：当原子核反应中原子核的质量会发生变化，变化的质量转化成了能量释放。虽然单个原子核的质量很小，但其反应时释放的能量变化是巨大的，因为它会乘以光速的平方。如前所述，1千克^{235}U的原子核全部裂变，可以释放相当于2 700 000千克标准煤完全燃烧放出的能量。质能方程表达式如图2-4所示。

$$E=MC^2$$

图2-4　质能方程

第二节　什么是核电厂？

核电厂是人类把核能转换为电能的设施，其工作原理与火电类似。火电厂将化石能源燃烧释放的能量转化为水蒸气的热能推动汽轮机旋转，再通过电磁转换使发电机发电。核电厂将核能（核裂变能）转化为冷却水的热能推动汽轮机，再通过发电机发电。二者的主要区别在于燃料、能量来源不同，火电厂是利用化石能源燃烧释放的能量，核电厂是利用核燃料的核裂变能。

如同烧煤的锅炉有很多种，核电厂也有很多种类型。现在世界上广泛商业利用的堆型有压水堆、重水堆等。我国主要采用的堆型是压水堆。简单讲，压水堆就像高压锅，锅炉内部具有一定压力，具有温度高、压力大的特点。人类采取相关控制措施，使核燃料在反应堆中有控的发生核裂变反应，并释放能量，这种能量再转换成电能供人类使用。

核电厂各部分能量传递原理如图2-5所示。

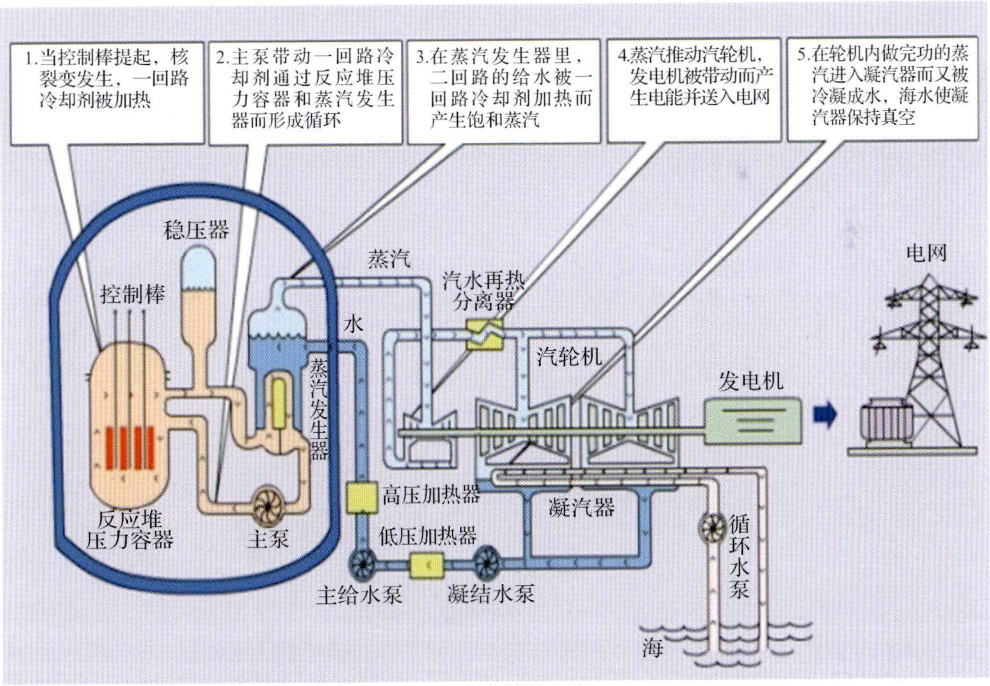

图2-5　核电厂各部分能量传递原理图

第三节 什么是核燃料及核燃料循环？

正如化石能源燃烧产生的热能离不开化石燃料，核电的产生更离不开核燃料。核燃料可利用铀、钍和钚这三种元素制造。目前，应用最多的是利用铀元素制造的核燃料。铀是从自然界的铀矿中获得的。

但自然界的铀不像煤一样，直接作为燃料使用，而是需要一系列复杂的提纯、同位素分离（富集）、加工等过程才能作为燃料在反应堆中反应。如图2-6所示，为方便描述，人们通常把从铀矿的勘探和开采、铀的加工和精制、铀的转化、铀的同位素分离、核反应堆元件的制造、核燃料（乏燃料）进行后处理以及放射性废物的处理与处置，形成的循环系统称为核燃料循环。核燃料循环构成了核能工业的基础。在核燃料循环中每一步骤都具有重要意义。核燃料循环系统如图2-6所示：

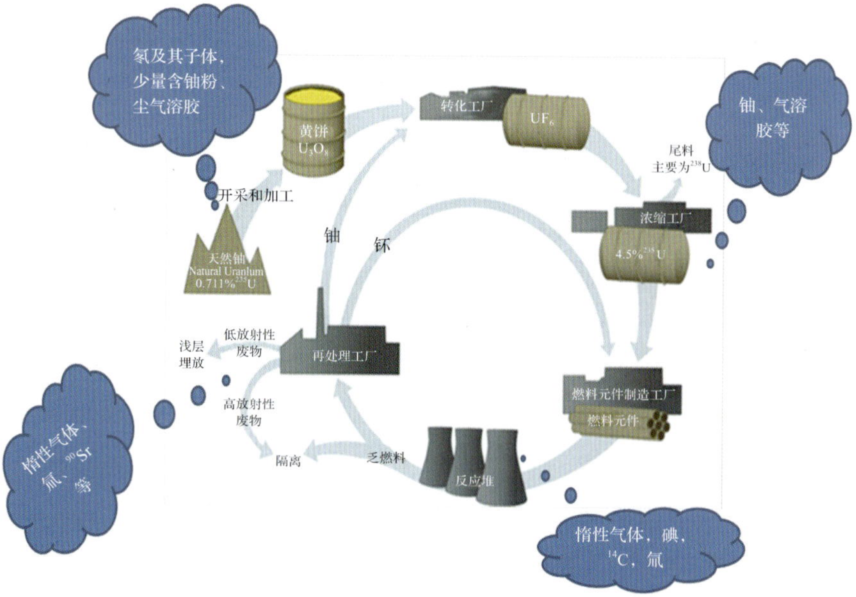

图2-6 核燃料循环系统

1. 铀勘探和开采

如采煤一样，铀矿也需要先探勘，再进行相应的开采。开采出的铀矿石一般需经过物理选矿并筛选掉相当一部分废石，以提高待处理的矿石纯度（也称为矿石品位）。

2. 铀加工和精制

主要包括铀矿石预处理、铀矿石浸出、铀的浓缩与纯化以及铀的精制与转化等步骤，这些过程统称为冶炼。简言之，通过化学处理等方法，提取铀矿石中的铀元素，通常得到纯净的铀氧化物。

3. 铀转化与富集

铀元素在自然界中由3种同位素组成，^{234}U、^{235}U、^{238}U。在天然铀中，三者的比例是一定的。^{235}U通常仅占0.7%，但世界上绝大多数核电厂都使用^{235}U含量为2% ~ 5%的低富集铀作为核燃料。因此，铀加工和精制得到的产品铀氧化物需要进一步富集得到含^{235}U较高的铀的产品。这个过程通常称为铀富集或同位素分离。

铀同位素分离是核燃料循环中是十分重要、十分敏感的技术。^{235}U与^{238}U的物理性质和化学性质相同，原子核的质量数相差3。铀同位素分离就是利用这个微小的质量数差采用物理或化学方法分离富集的，分离需要庞大的设备，消耗大量的能量。

现在普遍采用的工艺是：将铀加工或精致中制得的铀氧化物通过化学方法转移成UF_6，气态UF_6通过扩散或离心分离，得到含^{235}U核素较高的UF_6。其工作原理如洗衣机脱水时的原理一样，通过离心旋转，轻的物质更容易被甩出去，而剩下的是较重的物质。

4. 核燃料元件生产

达到富集度要求的UF_6，即可通过化学工艺再转化为UO_2等固体化合物，制造成固体核燃料。核燃料通常以燃料元件的形式出现。如同煤有时候也须制作成蜂窝煤状，便于燃烧与控制。燃料元件的主要作用是作为核燃料的基本单元，导出链式裂变反应产生的热量，阻留强放射性的裂变产物防止其泄漏。

5. 核电厂

核燃料制品在核电厂反应堆中，发生原子核反应。通过相关控制，可控的产生能量，并最终转换成电能供人类使用。

6. 后处理厂

反应堆使用过的核燃料，称为乏燃料，经冷却后可送往后处理厂进行进一步处理，其目的是回收乏燃料中残留的铀和钚，把裂变产物变成有利于长期储存的形式，同时获取原子核反应后产生的镎、镅等次要锕系元素和其他有用的放射性同位素。

综上所述，核燃料循环涉及到地质开采、化学反应、物理加工等多种技术工种、多个厂矿和大量的生产。如此长的产业链生产过程中会带来环境影响吗？

第四节　核能利用中有环境影响吗？

人类任何一项活动不可能不带来环境影响，如同化石能源转化为电能的利用，为人类社会发展提供了强大的动力，促进人类社会发生了巨大的改变。同时，也给环境带来了温室效应、酸雨、雾霾等多种影响。核能利用同样也会对环境带来潜在影响。

核燃料循环生产过程中会有污染物的释放，如图2-6所示：铀矿冶生产主要是排放氡及其子体，少量含铀粉尘、气溶胶等。铀加工与燃料制造设施主要是含铀粉尘及其气溶胶等，核电厂与后处理厂的主要污染物有氚、^{14}C、惰性气体、碘等。

核能利用究竟环境影响如何？如何减少污染并有效控制？

先污染后控制的惨痛教训在核能利用上不能再重复出现。必须在核能利用的同时，加强环境保护措施，减少核能利用带来的环境影响。

第三章 评价电离辐射环境影响的指标

谈及核能利用的环境影响，谈“核”色变的人们最担忧的是电离辐射影响。

第一节 什么是电离辐射？

如同热和光把能量从热源或光源传输受照物体一样，电离辐射也是一种能量传递的过程。放射性物质的原子核会释放出离子或能量，最终这种能量会传输给受照物体，受照物体一旦接收到这种离子或能量即可认为是产生了“影响”。由原子核释放离子或能量造成的辐射，通常被称为电离辐射。电离辐射看不见，摸不着，无色无味，所谓的“影响”也不一定能直观的立即体现。

人们通常所担心的辐射影响，就是担心电离辐射对人体的影响。

事实上，在核能刚被人类认识时，由于对放射性的了解不够，缺乏相应的防护知识，有很多科学先驱们因此受到伤害，如居里夫人、路易斯•斯洛汀等。但是，随着人类对核能科学认识的提高，科学家们逐渐建立了辐射防护、辐射剂量学等学科，致力于研究放射性对人体的影响，保护人类。

近年来，随着人类环保意识的提高。现在辐射防护的目标是要以人类与环境共处的观念代替人类中心论，既要保护人类，也要保护非人类物种免受辐射危害。要做到可持续发展，现代发展不能以损害后代发展能力为代价，要注意保护生物多样性和生态系统的平衡，为此，目前正在研究建立对非人类物种的辐射防护体系。现有研究表明，生物系统辐射敏感性与DNA的含量有一定关系，生物进化程度越高，有机体组织结果越复杂，其辐射敏感性越高。因此现有的辐射环境影响评价主要目标依然是评价公众（人类）受到的影响。为了定量的评价这种影响（能量传递伤害），科学家们引入了有效剂量的概念。

第二节　什么是有效剂量？

为估算对象（人体）所接受或“吸收”的电离辐射的多少，人们引入了“剂量”的概念，可把“剂量”比拟为服用了多少药品（见图3-1）。

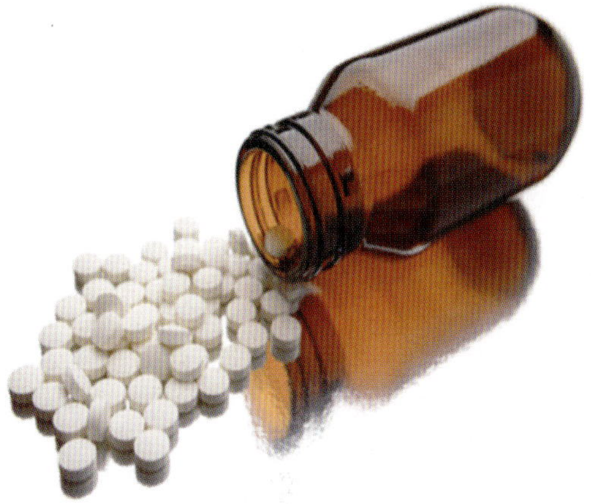

图3-1　能“吃”多少“剂量”

有效剂量是指对象（人体）各组织或器官的当量剂量乘以相应的组织权重因素后的和。可以简单认为：有效剂量（effective dose）

是指，考虑了电离辐射的射线性质（辐射权重因子，类似于药物类别固体、液体一样，成分不同药效不同。不同的α、β、γ、中子射线对人体的作用不同）、剂量（吸收了多少电离辐射,类似于食用了多少药，5颗，6颗……）、对象（人体各组织和器官）的权重因子（不同的器官吸收不一样，如胃、肠、骨头等）等因素后，用以定量估算对象（人体）受到的辐射影响法定单位。其单位为J/kg，也称为希[沃特]（Sv）。

迄今为止，有效剂量是我们最常用的评价电离辐射影响的量。

第三节　什么是电离辐射对人体的生物效应？

各种辐射照射对人类的健康危害是人类在不断利用各种电离辐射源的过程中认识的。人类应该在利用核能和电离辐射源的同时最大限度的加强辐射防护，尽量避免和减少电离辐射可能引起的对人的健康危害。

辐射与人体相互作用会导致某些特有的生物效应。效应的性质和程度主要决定于人体组织吸收的辐射能量。但同时一些物理因素，如辐射类型，辐射能量、吸收剂量、剂量率及照射方式等，一些生物因素，如不同生物种系的敏感性，个体不同发育阶段的敏感性，不同细胞、组织或器官的敏感性仍然会对辐射对人体导致的生物效应产生影响，类似于不同的人，不同的年龄阶段食入某些药的特殊性。

表3-1是根据实践资料从安全角度出发，对辐射剂量辐射照射水平与可能的人类健康效应的定性描述。

表3-1 不同辐射剂量辐射照射水平对人体健康可能造成的影响

受照剂量/（mGy/mSv）	目前的认识
3 000～5 000	50%的受照者未经治疗时，在30～60天死亡
1 000～3 000	10%～25%的人发生急性放射病
500	约5%的人出现症状
200	国际辐射防护委员会ICRP（1990）和联合国原子辐射效应科学委员会UNSCEAR（2000）定义其为小剂量照射上限值
100	已经观察到辐射致癌危险的增加
50	2003年以前职业照射年剂量限值。现行职业照射剂量限值要求五年内任何一年不得超过本值
20	职业照射剂量限值：在限定的五年内平均有效剂量不得超过
2～3	天然辐射的年剂量水平

第四节　电离辐射的来源有哪些？

人体受到电离辐射来源可分为两类：天然辐射源和人工辐射源。所有的生物体都在无时无刻地受到自然界中始终存在的电离辐射的照射。生命体的形成、人类的诞生和生活以及人类历史的各个阶段，每时每刻都在受到宇宙射线和地球中原始存在的放射性物质发射出的射线的照射。这种天然放射性是客观存在的，通常称之为天然本底辐射。天然本底辐射是迄今人类受到电离辐射照射的最主要来源。世界范围天然辐射对人的平均年有效剂量约为2.4mSv/a，我国天然辐射对人的平均年有效剂量约为3.1mSv/a。不同的地点，可能本底不同。天然辐射的主要来源如图3-2所示。

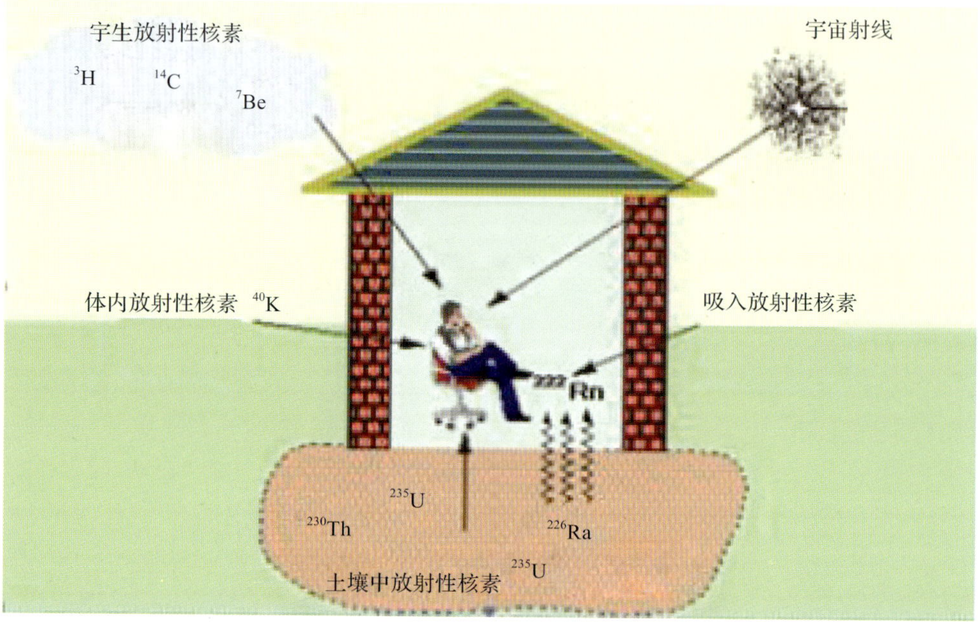

图3-2　天然电离辐射

另一方面，近半个世纪以来，伴随核能核技术的开发与应用、核动力生产、核试验及医疗照射等，产生了一些新的放射性物质和辐射照射，这类辐射照射称为人工辐射的照射。我们所说的辐射防护，主要是指防止人工辐射带来的环境影响及对人体的伤害。

第五节　什么是辐射防护三原则？

现阶段，基于人类现有的辐射对人体健康影响的认识，为更有效保护人体健康，人类提出了辐射防护三原则的基本要求，详见图3-3。

图3-3 辐射防护三原则

1. 正当性

对于任何一项辐射实践，在综合考虑了社会、经济和其他有关因素之后，经过充分论证、权衡利弊，只有当该项辐射对受照个人或社会所带来的利益足以弥补其可能引起的辐射危害时，该辐射实践才是正当的。简言之，人类利用核能，是因为它可以为我们带来能源供应，使用CT等带有辐射的医疗设备是因为它可以帮助人类做病情判断或进一步的医疗。

2. 最优化

在辐射实践中所使用的辐射源所致个人剂量和潜在照射危险，应在充分考虑了经济和社会因素之后，个人受照剂量的大小、受照射的人数以及受照射的可能性均保持在可合理达到的尽量低的水平（最优化）。简言之，人们在使用过程中应尽量避免不必要的过量使用。如CT扫描不宜重复使用，在使用X光机能判断病情时，不必要使用对人体产生剂量更大的CT。

3. 个人剂量限值

必须对个人受到的正常照射加以限制，以保证来自各项得到批准辐射实践的综合照射所致的个人总有效剂量和有关器官或组织的总剂量，不能超过国家标准中规定的相应剂量限值（剂量限值和剂量约束）。简言之，为了确保安全、降低风险，我国相关标准中规定了个体每年受照剂量不应该超过最大有效剂量限值。

第六节　什么是个人剂量限值和约束值？

剂量限值是指受控实践使个人所受到的有效剂量或当量剂量不得超过的值。实践是指任何引入新的辐射源或照射途径、或扩大受照范围、或改变现有源的照射途经网络，从而使人们受到的照射或受到照射的可能性或受到照射的人数增加的人类活动。我国国家标准《电离辐射防护与辐射源安全基本标准》（GB 18871—2002），对工作人员和公众受到的剂量限值做出了明确规定。

1. 职业照射

应对任何工作人员的职业照射水平进行控制，使之不得超过审管部门决定的连续5年的年平均有效剂量（但不可作任何追溯性平均）20 mSv；任何一年中的有效剂量，50 mSv；如：从事放射性医疗诊断工作的医生、从事核电厂操作的工作人员等。

2. 公众照射

公众是指普通不从事放射性工作的民众。公众中有关任何成员所受到的平均剂量估计值不应超过下述限值：年有效剂量，1 mSv；特殊情况下，如果5个连续年的年平均剂量不超过1 mSv，则某一单一年份的有效剂量可提高到5 mSv。

3. 剂量约束值

剂量约束值是对放射源或核设施的一个控制概念，它是源相关的，对源可能造成的个人剂量预先确定的一种限制。比如某地计划建设一个核电厂时，会先对核电厂赋予一个剂量约束值，以加强设计、建设过程中相关环保和辐射防护设施的考虑，确保核电厂对公众造成的有效剂量小于该剂量约束值。

剂量约束值比国家规定的公众剂量限值更低，为公众照射剂量限值的10%~30%（即0.1mSv/a~0.3mSv/a）。如，新建核电厂（核电基地）的剂量约束值通常定为0.25 mSv/a，在核电厂选址、设计初期，就应采取相关措施，使其对公众导致的最大个人有效剂量小于该值。

第四章 核燃料循环的辐射环境影响

我国是世界上拥有完整的核燃料循环工艺的少数国家之一。早在20世纪五六十年代，新中国成立之初，我国就开始开展对核能利用的研究，逐步成立了完整的工业和科学技术体系。多年来，核工业对环境的影响如何?

第一节 早期的辐射环境影响评价结论

20世纪80年代末，我国曾开展了一项历时近9年的全面的辐射环境质量评价工作，对核工业前三十年发展带来的辐射环境质量变化情况做了一个详细的回顾性评价。

1. 表4-1、图4-1数据表明，核工业污染物排放造成的公众最大有效剂量低于当时的国家标准。

2. 核工业系统对半径80 km评价范围内的居民产生的平均照射水平小于天然本底照射的0.01%，核工业系统对半径10 km评价范围内的居民产生的年集体剂量与天然辐射产生的年集体剂量之比值平均值为0.07%。

3. 表4-2、图4-2数据表明，核工业的辐射影响比人类开展的某些其他活动产生的辐射影响还低。

表4-1 核工业各系统的关键居民组个人所受的年有效剂量当量分布表

系统	分布/%			
	<0.1 mSv	0.1~0.25 mSv	0.25~1 mSv	1~5 mSv[1)]
铀矿冶	31.3	8.0	14.8	6.21
元件	10.8			
同位素分离	7.6			
反应堆，后处理	5.8	1.0		
研究院所	11.6	1.0	1.6	0.2
总计	67.1	10.0	16.4	6.4

备注：1) 三十年前的国家标准是最大个人有效剂量不超过5 mSv；
2) 超标的铀矿冶已经停产或经过整改已降到1 mSv以下。

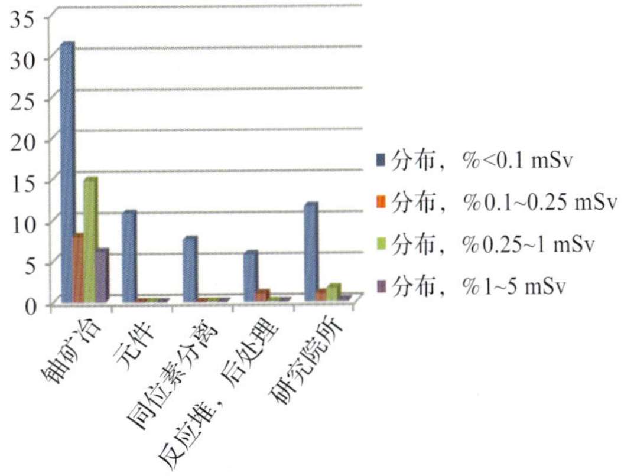

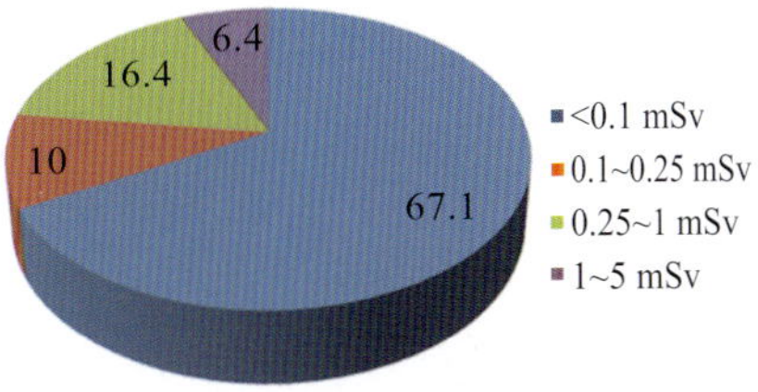

图4-1 核工业各系统的关键居民组个人所受的年有效剂量当量分布图

表4-2　人类活动年集体有效剂量

人类活动类型	年集体有效剂量/（人/Sv）
石煤渣砖建筑物	3.50×10^3
赤泥作建筑材料（仅考虑γ外照射）	1.43×10^2
湘西金矿煤渣砖建筑物	2.09
乘民航飞机	2.52
核工业	2.31

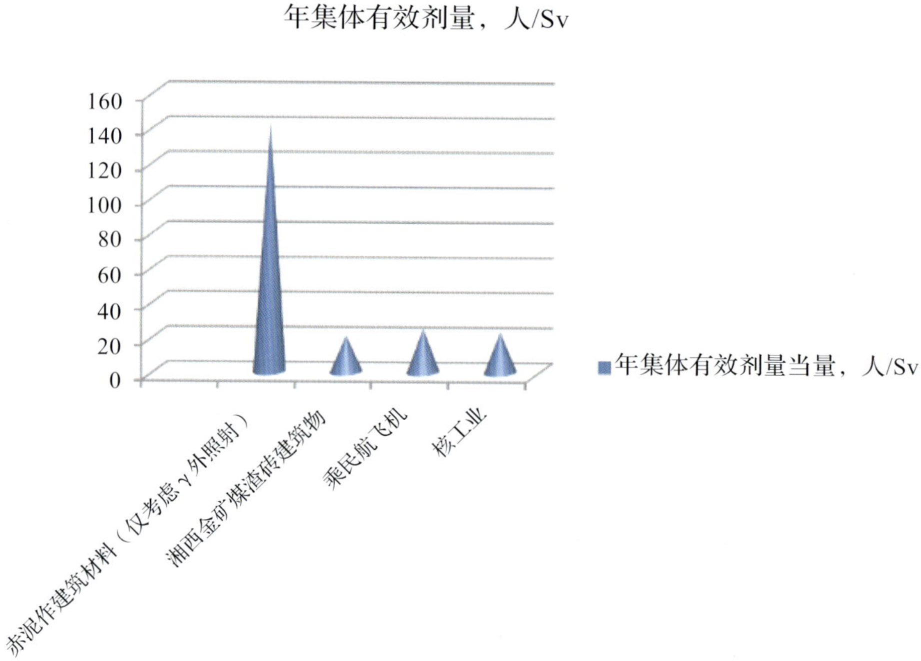

图4-2　人类活动年集体有效剂量当量

第二节 正在开展的评价工作

目前，我国正在开展一项《全国核基地与核设施辐射环境现状调查与评价》的专项工作。

该工作计划在“十二五”至“十三五”期间，用10年完成对我国核基地与核设施辐射环境现状调查与评价，全面、系统、科学地掌握我国核基地与核设施辐射环境状况。同时，建立起健全的全国核基地与核设施环境放射性档案和信息数据库，有针对性地指导全国核基地与核设施放射性污染治理工作提高核基地、核设施核与辐射安全水平。

该工作调查和评价的范围涉及到：核燃料循环的生产基地、科研基地、核电基地、铀浓缩和元件生产基地、铀矿冶设施、放射性废物处置场、典型核技术利用单位、典型人为活动引起的天然放射性水平增加（NORM）等多个厂址。这次调查和评价同时还将开展核基地与核设施的非放射性环境现状的调查与评价。

目前该工作的所有项目皆已取得部分阶段性成果，正在有序开展中。

第三节 通用结论

除了上述我国开展的比较全面的核能利用带来环境影响的综合评价工作外，现有其他调查结果也表明，核能利用过程中，核燃料循环带来的辐射环境影响相对很小。

人们无时无刻不受到自然界中始终存在的天然辐射的照射，某些人类实践活动或涉及辐射的事件、事故会导致向环境释放一定的放射性物质，使人们受到人工照射。那么对我们普通人来说它们又是多大呢？

数据显示，来自天然辐射的个人年有效剂量全球平均值约为2.4毫希，其中，来自宇宙射线的为0.4毫希，来自地面γ射线的为0.5毫希，吸入（主要是室内氡）产生的为1.2毫希，食入为0.3毫希。人们每年摄入的空气、食物、水中的辐射照射剂量约为0.25毫希。乘飞机北京至欧洲往返1次旅行约0.02毫希；每天抽20支烟，一年有0.5至1毫希；一次X射线检查也有0.5至1毫希。

人工辐射中因为核燃料循环设施的运行造成公众的有效剂量更远小于其他的人工辐射，如医疗受照等。公众日常所受辐射来源比例见图4-3。

公众日常所受辐射来源比例

天然放射性	人工放射性
来自太空的宇宙射线 土壤及建筑材料中的天然放射性核素 食物中的钾-40 空气中的氡-222及其子体等	医疗照射 放射性同位素的应用 核技术利用等

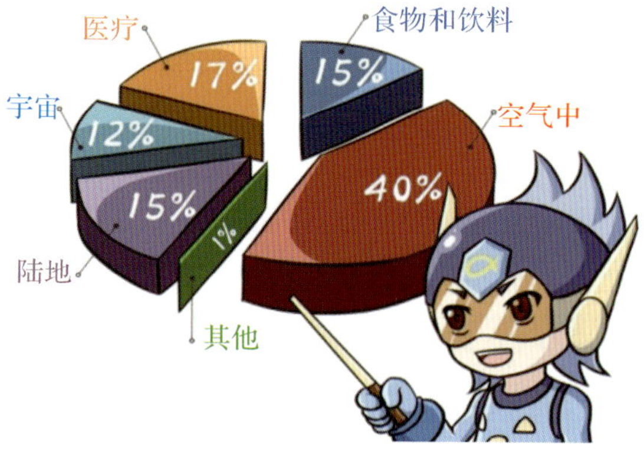

图4-3　公众日常所受辐射来源比例

如前所述，我国现行的单个核设施或基地对公众的最大剂量约束值一般是多少？0.25 mSv/a，是天然本底的10%左右，实际上某些核设施的最大个人有效剂量只有0.01 mSv/a，是天然本底的1/240。

因此，比较说来，核能利用过程中，各种核燃料循环设施正常运行时带来的辐射环境影响相比天然辐射本底、其他人工辐射的利用是很小的。

第五章

核燃料循环环境保护的管理机构及基本制度

第一节　核能利用中的环境管理机构

核能利用涉及国家管理部门。国家能源局主要负责核电的发展，是核电的行业主管部门。国防科技工业局主要负责除核电以外的核工业的发展，是核工业的主管部门。

为了适应核能利用相关行业的发展，我国建立了既与国际接轨，又符合中国国情的核与辐射安全监管体系。核安全监管机构为环境保护部（国家核安全局），独立行使核安全监管职能，主要负责核设施安全、辐射安全与辐射环境保护工作的统一监督，拟定相关的政策、规划、法规标准，并组织实施。

国家核安全局由局机关、六个地区监督站和技术支持单位组成。局机关业务部门由三个业务司与一个国际合作处组成。

核设施安全监管司主要负责三个业务司的综合协调；开展政策、规划、法规标准与科研、应急管理与辐射监测、人员资质、核安全设备管理等工作。

核安全监管司负责核电厂、研究型反应堆、临界装置等核设施的核安全、辐射安全、辐射环境保护的行政许可和监督检查。

核射源安全监管司负责核燃料循环设施与核材料运输安全、放射性废物管理、辐射源安全、铀矿冶与电磁辐射的管理。

六个地区核与辐射安全监督站分别是华东、华南、西南、华北、东北、西北核与辐射安全监督站。

技术支持单位包括环境保护部核与辐射安全中心、辐射环境监测技术中心、苏州核安全中心、核设备安全与可靠性中心、北京核安全审查中心等。

此外，环境保护部（国家核安全局）对31个省级环保部门开展辐射安全监管和辐射环境监测等相关工作进行业务指导，同时设立核安全与环境专家委员会作为国家核安全局的决策咨询机构。

环境保护部（国家核安全局）核与辐射安全监管体系如图5-1所示。

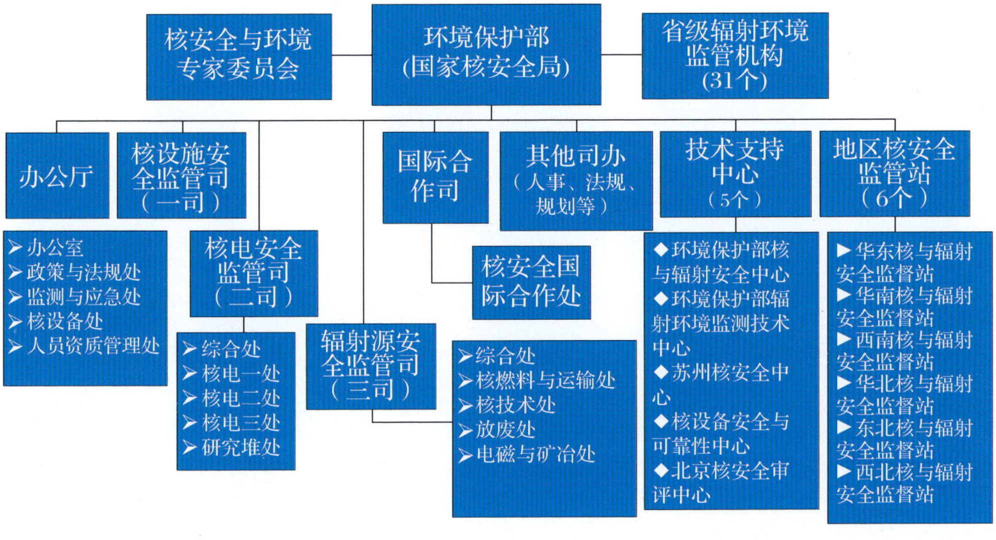

图5-1　环境保护部（国家核安全局）核与辐射安全监管体系图

根据国家行政审批相关要求，在核能利用中，环境保护部（国家核安全局）的行政许可相关管理制度主要有：核安全许可证制度，环境影响评价制度，“三同时”制度及竣工环境保护验收，辐射安全许可，核安全设备设计、制造、安装许可，运输容器设计、制造许可，运输活动批准，放射性废物贮存、处置许可制度，注册核安全工程师、核电厂操纵员执照管理等。其中针对辐射环境管理的制度还有环境影响评价制度和“三同时”制度及竣工环境保护验收。

第二节　什么是“三同时制度”？

“三同时制度”是在我国最早出台的一项环境保护管理制度，它是一项在建设项目“生产前”就介入环境管理的制度。作为我国的环境管理基本制度之一，在近几十年的管理中取得了丰硕的成果。核能利用项目中相关设施的建设也必须遵守该制度。

《中华人民共和国环境保护法》（2014年）第四十一条、《放射性污染防治法》和《建设项目环境保护管理条例》第十六条中明确规定了建设项目的环境保护设施必须与主体工程同时设计、同时施工、同时投产使用，这就是“三同时”制度。

1. 同时设计

是指建设单位在委托设计单位进行项目设计时，应将环境保护设施一并委托设计。承担设计任务的单位必须依照设计规定，把环境保护设施与主体工程同时进行设计，并在设计过程中充分考虑建设项目对周围环境的影响并给予保护。对未同时委托设计环境保护设施的建设项目，设计单位应予拒绝。

2. 同时施工

是指建设单位在委托施工任务时，应同时委托环境保护设施的施工任务；施工单位在接受建设项目的施工任务时，应同时接受环境保护设施的施工任务，否则不得承担施工任务。

3. 同时投产使用

是指建设单位必须把环境保护设施与主体工程同时投入运转。它不仅是指建设项目建成竣工验收后的正式投产使用，还包括建设项目的试生产和试运行过程中的投产使用。

第三节 什么是“环境影响评价制度”？

如前所述，任何一项人类活动或实践在带给人类利益的同时，也不可避免地、或多或少地会产生一些负效应。一些人类活动和实践，如核燃料循环设施运行，有可能会导致放射性物质向环境释放并使人们受到辐射照射。社会对环境质量的普遍关注和对可能具有环境影响的所有人类活动的认识，推动了环境影响评价学科的发展。

环境影响评价，是指对规划和建设项目实施后可能造成的环境影响进行分析、预测和评估，提出预防或者减轻不良环境影响的对策和措施，进行跟踪监测的方法和制度。对核燃料循环设施而言，需开展环境辐射影响评价。环境辐射影响评价旨在定量分析、预测和估算放射性核素向环境释放对公众与非人类物种的影响，提出预防或减轻不良环境影响的对策和措施，以有效防止可能产生的放射性污染问题。

《中华人民共和国环境影响评价法》的颁布，标志着我国的环境影响评价制度从建设项目的环境保护迈向更深远的有发展规划的环境影响评价，基本形成了一套比较完整的环境影响评价法律体系，成为环境影响评价的主要依据。

环境影响评价具有如下四种基本功能，详见图5-2。

图5－2　环境影响评价四种基本功能

1. 判断功能

对已有的客体做出价值判断。从可持续发展的角度，对人的行为做出功利判断和道德判断，对自然风景区做出美学价值判断等。

2. 预测功能

对将形成的客体的价值做出判断。这是具有超前性的价值判断，是对客体与人的需要的满足关系的预测，人类通过这种预测而确定自己的实践目标。

3. 选择功能

是将同样都具有价值的客体进行比较，从而确定其中哪一个更具有价值，是对价值程度的判断，以使实践活动更加符合目的和顺利。

4. 导向功能

是使实践活动与客观规律达到统一，其目的是以评价所判断的价值为基础和前提，而对价值的判断是通过对价值的认识、预测和选择得以实现。只有通过评价才能建立合理的合乎规律的目的，才能对实践活动进行导向和调控。

第四节　核设施建设项目环境影响评价的特点有哪些？

2003年6月，我国颁布了《中华人民共和国放射性污染防治法》，确立了环境影响评价制度在核设施建设中的法律地位。《放射性污染防治法》中对涉核项目环境影响评价要求更全面、严格，主要体现在：

1. 环境影响评价适用范围广。明确包含从事放射性污染的所有活动（如，核设施选址、核技术利用、铀（钍）矿和伴生放射性矿开发利用、放射性废物处置等）。

2. 要求编制相关导则文件，规定有关环境影响评价的范围、内容、编（填）报和审批环境影响报告书的程序等内容。

3. 影响评价文件类别高。我国对环境影响评价实行分级管理，包括报告书、报告表、登记表三类，对其要求以此降低。核燃料循环设施很多环境影响评价文件都是环境影响报告书，报告表较少，登记表更少。

4. 审批级别高。核燃料循环设施的环境影响报告书、报告表都由环境保护部直接负责审批。

5. 多阶段设置。核设施建设项目的环境影响报告应经过选址、建造和运行三个阶段。

选址阶段——该阶段评价的重点，是从保护环境的观点出发，通过研究厂址与环境之间的相互关系判定所选厂址的适宜性，并根据厂址的主要环境特征，对核电厂的工程设计提出环境保护方面的要求（如上文提及的剂量约束值的要求）。申请核电厂选址阶段环境影响报告批准书，为申请核电厂选址审批提供支持文件。

建造阶段——该阶段评价的重点，是论证厂址和核电厂的工程设计能否满足保护环境的要求，从设计上保证环境保护设施得到落实，申请核电厂建造阶段环境影响报告批准书，为申请核电厂建造许可证提供支持文件。

运行阶段——该阶段的评价重点，是落实气、液态流出物年排放量申请值的优化，检验核电厂建设和环境保护措施是否符合国家和地方的有关规定和要求。申请核电厂运行阶段环境影响报告批准书，为申请核电厂首次装料批准书（核电厂运行许可证）提供支持文件。

虽然核燃料循环设施环评三个阶段有不同的评价重点和目的，但最根本的评价技术手段是一致的。

环境影响评价模式如图5-3所示。

图5-3 环境影响评价模式

源项（释放源）是环境评价模式的重要输入参数，也是模式参数中灵敏度最大的参数。在环境照射水平下，源项与效应是线性关系，即效应、剂量、源项。对源项的完整描述包括释放方式、释放核素的种类、理化形态和释放量等。源项通常由环境影响评价报告书中的工艺分析、三废管理等章节根据设计情况确定。

途径是指释放物进入环境后通过输运、弥散、沉积、食物链迁移等最终对人形成照射的途径网络。通常包括外照射、食入内照射、吸入内照射等。如图5-4所示。

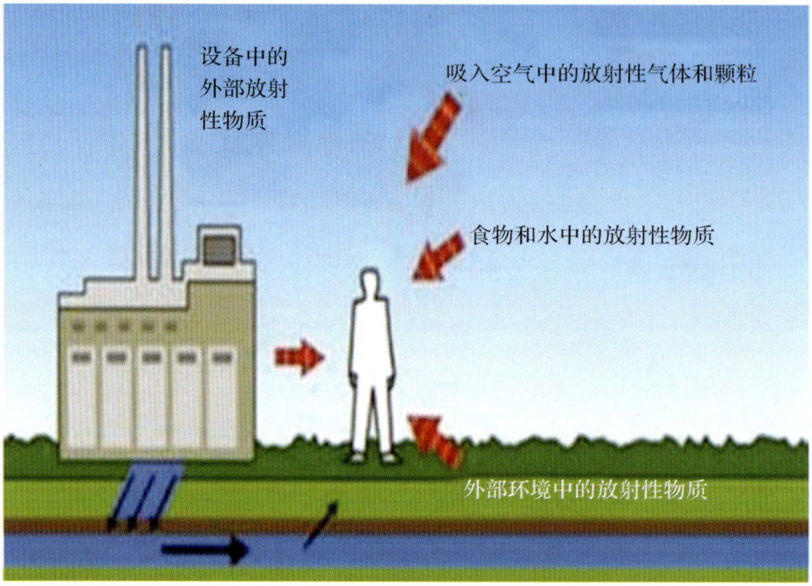

图5-4　外照射、食入内照射、吸入内照射

当由释放源计算出各种环境介质中的放射性核素浓度后，则可由环境利用因子确定出关键组所受的有效剂量和集体有效剂量，从而根据线性无阈的剂量——效应关系的假设，做出辐射损伤效应的（上限）评价。

环境影响评价是一个不断优化的过程。简单而言，早期的环境影响评价要求流出物排放对公众的剂量是合理、可行、尽量低。随着技术的发展，现已向其工艺设计提出更高的要求，即要求其相关设施在设计、建造时，工艺上就采用最佳可行技术，以确保合理、可行、尽量低。

第五节　环境影响评价文件的审批

如上所述，核设施的选址、建造、运行和退役环境影响评价文件，所有铀（钍）矿的开采和退役的环境影响评价文件都应由环境保护部（国家核安全局）统一审批。环境影响评价文件应由有相应的环境影响专业评价资格证书的单位编制完成。

1. 环境影响评价文件的审批流程如下：

（1）申请单位向环境保护行政主管部门递交项目审批环境影响评价申请文件，并附相应的环境影响评价文件。

（2）环境保护行政主管部门对提交的环境影响评价文件进行形式审查。审查不合格的，及时通知申请单位需要补正的内容或不予受理的理由；审查合格后，环境保护行政主管部门受理、立项，交技术审评单位。

（3）技术审评单位负责现场检查和技术审评，提出审评问题，申请单位和环评单位回答问题。在对申请项目和环境影响评价文件中存在的技术问题得到落实和基本解决后，技术审评单位形成对申请项目和环境影响评价文件的技术审评意见的报告，提交给环境保护行政主管部门。

（4）环境保护行政主管部门向申请项目所在地省级环境保护部门征求意见。

（5）环境保护行政主管部门组织核安全与环境专家委员会对申请单位的申请文件及汇报材料、技术审评单位提交的评价报告以及国家核安全局提请审议的其他文件进行审议，形成咨询意见。

（6）环境保护行政主管部门根据技术审评单位审评意见、核安全与环境专家委员会咨询意见、地方环保部门和行业主管部门的意见，做出审批决定，书面通知申请单位，并抄送国家有关部门。

2. 环境影响评价文件的审批时限：

（1）申请材料不齐全或者不符合法定形式的，应当场或者在5日内一次告知申请人需要补正的全部内容，逾期不告知的，自收到申请材料之日起即为受理。环境保护行政主管部门受理或者不予受理行政许可申请，应当出具加盖本行政机关专用印章和注明日期的书面凭证。

（2）环境保护行政主管部门自收到环境影响报告书之日起60日内，收到环境影响报告表之日起30日内，收到环境影响登记表之日起15日内，分别做出审批决定并书面通知申请单位。重新审核的，自收到建设项目环境影响评价文件之日起10日内，将审核意见书面通知申请单位。

（3）根据《中华人民共和国行政许可法》第四十五条："行政机关做出行政许可决定，依法需要听证、招标、拍卖、检验、检测、检疫、鉴定和专家评审的，所需时间不计算在本节规定的期限内。行政机关应当将所需时间书面告知申请人"的规定，技术审查时间由环境保护行政主管部门会商技术审评单位及申请单位确定后书面告知申请单位。

环境影响评价文件的审批结束后，环境保护主管部门应函复项目申请单位。

3. 环境影响评价中需要注意的其他事项包括：

（1）申请项目的环境影响评价文件经批准后，其性质、规模、地点、防治污染、防止生态破坏的措施发生重大变动的，申请单位应当重新报批该项目的环境影响评价文件。

（2）申请项目的环境影响评价文件自批准之日起超过5年开工建设的，其环境影响评价文件应当报环境保护行政主管部门重新审核。

环境影响评价文件审批流程详见图5-5。

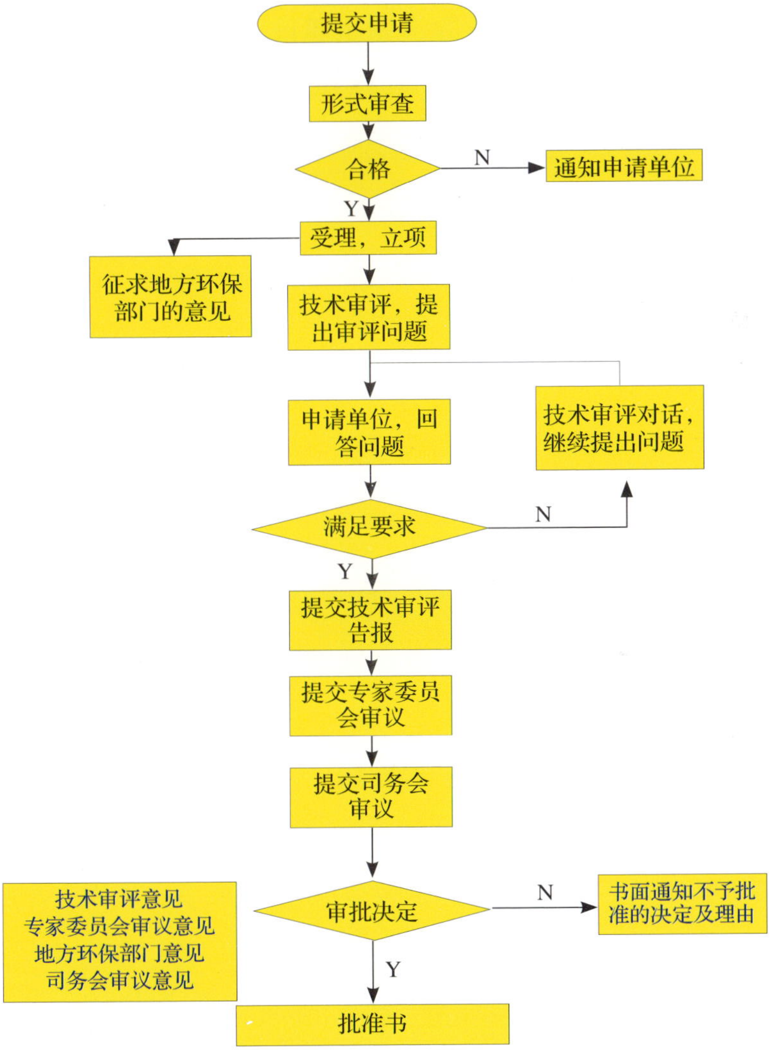

图5－5　环境影响评价文件审批流程

第六节 建设项目竣工环境保护验收

建设项目竣工环境保护验收，是指建设项目竣工后，环境保护行政主管部门根据《建设项目竣工环境保护验收管理办法》，依据环境保护验收监测或调查结果，并通过现场检查等手段，考核该建设项目是否达到环境保护要求的活动（环境保护部（总局）令第13号）。

1.《建设项目环境保护验收管理办法》是现阶段核燃料循环建设项目遵循的基本办法。该办法对试生产申请、环保验收申请、环保验收主管部门、验收步骤、验收条件、验收时间、处罚要求等都作了细致的规定。

针对核设施，具体要求有："核设施建设项目试运行前，建设单位应向国务院环境保护行政主管部门报批首次装料阶段的环境影响报告书，经批准后，方可进行试运行。核设施建设项目试生产的期限最长不超过二年。"

2.《国家环境保护总局关于建设项目环境保护设施竣工验收监测管理有关问题的通知》（环发〔2000〕，38号以下简称《通知》）及其附件《建设项目环境保护设施竣工验收监测技术要求》（以下简称《技术要求》）。

《通知》是对《建设项目环境保护验收管理办法》有效的补充。其对试运行的负荷要求、验收监测承担单位、验收监测方案及报告的编制时间等提出了具体要求。

《技术要求》规定了建设项目的环境保护设施竣工验收监测的原

则、依据、内容、执行标准选择、采样和分析方法等一般要求。其对“从事放射性物质生产或以放射性物质为生产原料及排放具有放射性物质的核工业建设项目环保设施竣工验收监测”可参照执行。

第七节 小结

随着我国环保制度的深化改革，更加严厉的环保监管措施将落地实施，如事中事后的监督管理等。这些措施将更有利于核燃料循环设施的环境保护工作。

“三同时制度”（见图5-6）一定程度上与环境保护管理制度中的环评三阶段有所交集和重合。每一个阶段更加清晰明了，在环评审批的同时，有效地保证了三同时的顺利实施，构成了独具特色的核设施环境管理制度。

图5-6 三同时制度

第六章 核燃料循环的三废管理与环境监测

第一节　流出物排放管理的基本要求

核能利用中，通常将含有放射性物质的废气和废液统称为流出物。对于流出物的排放，通常有6个方面的要求，详见图6-1。

图6-1　最优化原则

1. 总量控制

每个核燃料循环设施在运行前监管部门都会审批一个排放限值。核燃料循环设施的流出物实际运行排放总量不能超过该限值。

2. 浓度控制

部分设施的流出物如废水，应有相应的放射性核素浓度控制限值。

3. 监测

根据《放射性污染防治法》，核设施相关单位应开展流出物和环境监测。

4. 可控

是指流出物排放过程中应可控。如，废液应采取槽式排放措施，须先收集、监测合格后再排放，以避免出现超标排放的情况。

5. 剂量限值

剂量限值是流出物排放控制的终极目标，以保护设施周围的公众。参考有关国家标准，通常铀矿冶设施、铀加工与燃料制造设施、核动力厂的公众剂量约束上限值为分别为0.5mSv/a，0.2mSv/a，0.25mSv/a。但国家环境保护主管部门在每个具体核设施《环境影响报告书》批复中明确的剂量限值，可能比这个剂量约束上限值还要低。它是通过环评等大量工作优化确定的。比如某些核燃料厂，剂量约束上限值为0.2mSv/a，但实际环评中确定的剂量约束限值可能仅0.02mSv/a。

6. 最优化

最优化是流出物排放管理的核心。流出物排放追求的不仅仅是已经很低的标准或者管理要求，而是精益求精，使放射性核素排放少之又少，以减少对环境的影响。

第二节 核电厂的气态和液态流出物的总量控制限值

我国国标GB 6249—2011《核动力厂环境辐射防护规定》中明确规定了我国核动力厂（核电厂）气态和液态流出物的总量控制限值。详见表6-1。

表6-1 我国核动力厂（核电厂）气态和液态流出物的总量控制限值

		轻水堆	重水堆
气载放射性流出物	惰性气体	6×10^{14} Bq/a	
	碘	2×10^{10} Bq/a	
	粒子（半衰期≥8 d）	5×10^{10} Bq/a	
	碳-14	7×10^{11} Bq/a	1.6×10^{12} Bq/a
	氚	1.5×10^{13} Bq/a	4.5×10^{14} Bq/a
液态放射性流出物	氚	7.5×10^{13} Bq/a	3.5×10^{14} Bq/a
	碳-14	1.5×10^{11} Bq/a	2×10^{11} Bq/a（除氚外）
	其余核素	5.0×10^{10} Bq/a	

注：1) 表中所列的的总量限值适用于3 000 MW热功率的反应堆；对于热功率大于或小于3 000 MW的反应堆，应根据其功率适当调整。

2) 对于同一堆型的多堆厂址，所有机组的年总排放量应控制在表列规定值的4倍以内。对于不同堆型的多堆厂址，所有机组的年总排放量控制值则由审管部门批准。

3) 营运单位应针对核动力厂厂址的环境特征及放射性废物处理工艺技术水平，遵循可合理达到的尽量低的原则，向审管部门定期申请或复核（首次装料前提出申请，以后每隔5年复核一次）放射性流出物排放量。申请的放射性流出物排放量不得高于放射性排放量设计目标值，并经审管部门批准后实施。

4) 核动力厂的年排放总量应按季度和月控制，每个季度的排放总量不应超过所批准的年排放总量的二分之一，每个月的排放总量不应超过所批准的年排放总量的五分之一。若超过，则必须迅速查明原因，采取有效措施。

5) 滨河、滨湖或滨水库核电厂，可以结合受纳水域的特性，制订更合理的排放方式，报批后实施。

我国早期还建立了国标GB 13695—1992《核燃料循环放射性流出物归一化排放管理限值》，该标准根据当时（20世纪80年代末）我国核燃料循环设施的技术水平、国际同行的现状规定了相应的归一化排放限值。所谓的归一化，是指生产或操作多少放射性物质，就只能排放多少污染物。流出物排放量归一到操作量上。由于该标准制订早，现在很多设施的排放，已远小于该限值。因此，该标准正在组织修订。以具有更好的实用性。

现阶段的核设施排放量限值都是通过严谨的源项设计、环境影响分析得到估算得到的。

第三节　核设施的液态流出物排放浓度控制标准

我国还设立了相应国家标准限制各核设施液态流出物排放浓度，详见表6-2。

表6-2　我国液态流出物排放浓度控制标准

核动力厂	滨海	系统排放口	除^3H、^{14}C外其他放射性核素	1 000 Bq/L
	滨河、滨湖或滨水库	系统排放口	除^3H、^{14}C外其他放射性核素	100 Bq/L
		电厂排放口下游1 km	总β放射性	1 Bq/L
			^3H	100 Bq/L

续表

铀矿冶设施	有稀释能力的受纳水体（稀释倍数5倍以上）	废水排放口处	U	0.3 mg/L
			^{226}Ra	1.1 Bq/L
			^{230}Th	1.85 Bq/L
			^{210}Pb	0.5 Bq/L
			^{210}Po	0.5 Bq/L
		第一取水点处	U	0.05 mg/L
			^{226}Ra	1.1 Bq/L
			^{230}Th	1 Bq/L
			^{210}Pb	0.1 Bq/L
			^{210}Po	0.1 Bq/L
	没有受纳水体	废水排放口处	U	0.05 mg/L
			^{226}Ra	1.1 Bq/L
			^{230}Th	1 Bq/L
			^{210}Pb	0.1 Bq/L
			^{210}Po	0.1 Bq/L
铀加工与燃料制造设施			总U	50 μg/L
有放射性流出物的设施			总 α 放射性	1 Bq/L
			总 β 放射性	10 Bq/L

上述液态流出物排放控制标准的顺利实施，有效保证了排入环境的污染物的浓度和总量，有利于环境保护。

第四节　什么是“近零”排放？

现在流出物排放要求中，还提出了“近零”排放的理念。近零排放不是不排放，其目的是根据现有技术条件和成本的控制，在“合理可行尽量低”的原则下，减少放射性物质的排放。其最终目标是使排向环境的天然存在的放射性物质在环境的浓度接近本底水平、人工放射性物质在环境中的浓度接近于零。

可以想象，如果达到了这个目标，核能利用中排放的放射性物质对公众和环境的影响将是很低的。

第五节 流出物和环境监测

《放射性污染防治法》明确要求营运单位开展环境监测。要求各营运单位应组织开展相应的流出物和环境监测。流出物与环境监测也是核设施环境管理的一个重要内容。

根据《放射性污染防治法》的要求，各核设施营运单位应组织开展相应的流出物和环境监测。

流出物监测的根本目的，是要验证设施运行期间周围的公众和环境可以得到足够的保护；验证设施的运行可以满足国家和地方有关流出物排放相关标准和规定的要求。

辐射环境监测的目的在于检验核设施运行在周围环境中造成的辐射和放射性水平是否符合国家和地方的有关规定，并对人为的与核相关的活动所引起的环境辐射的长期变化趋势进行监视。

核设施在日常监测中一旦发现监测数据有异常，就应该立即寻找原因，积极分析并最终妥善处理。

表6-3中列出了我国核燃料循环设施开展环境监测的范围要求。值得注意的是，监测范围不是污染范围、环境影响范围，而是从环境保

护出发，准确判断周边一定范围内的辐射环境质量而人为设立的一个范围。

表6-3　我国核燃料循环设施开展环境监测的范围

<table>
<tr><th rowspan="3">监测范围</th><th>核电厂</th><th>后处理设施</th><th>其他设施</th></tr>
<tr><td>环境γ辐射水平，厂址半径50 km</td><td>环境γ辐射水平，厂址半径50 km</td><td rowspan="2">一般为厂址半径10 km</td></tr>
<tr><td>环境介质，厂址半径20～30 km</td><td>环境介质，厂址半径30 km</td></tr>
</table>

第六节　放射性固体废物分类、处理、处置

放射性固体废物分类、处理与处置，是制约我国核电发展的重要瓶颈之一。

目前，世界各个国家的放射性废物分类标准不完全一致。我国的放射性固体废物分类标准GB 9133—1995也正在进一步修订。放射性废物的分类的目的在于便于对废物采取不同的处理、处置方案，其处理处置方案最终与其含有放射性核素含量（活度）及性质有关。

整体来说，放射性废物处置的主要思路是与人类和环境物理隔离。废物中放射性核素含量（活度）越大，危害性越大，越需要隔离；废物中放射性核素半衰期越长（衰减越慢），危害性越大，越需要隔离。危害性越大的则越需要采取谨慎的处理处置措施，如对高放废物应深地质处置，以保证与生物介质或环境隔绝。常见的放射性固体废物处置方案如图6-2所示。目前，国际、国内上还在进一步研究处置相关政策，部分中放废物等可能也要逐步推进至地质处置”但图6-2体现了基本的废

物处置思想。

产生放射性固体废物的单位，应当按照国务院环境保护行政主管部门的规定，对其产生的放射性固体废物进行处理后，送交放射性固体废物处置单位处置，并承担处置费用。

废物处置是非常有难度的工作。为了减少废物处置量，业内提出了废物最小化的要求：从核设施的设计到退役活动的各个阶段，通过减少废物的产生、再循环再利用或者改进废物处理的方法，使得在考虑了一次废物和二次废物的情况下，将废物的数量和活度减小至可合理达到的最低水平。废物最小化包括活度和体积两个指标。

废物最小化是废物处理处置的前提，有利于保证废物与环境的隔绝，从而减少对环境和公众的影响。

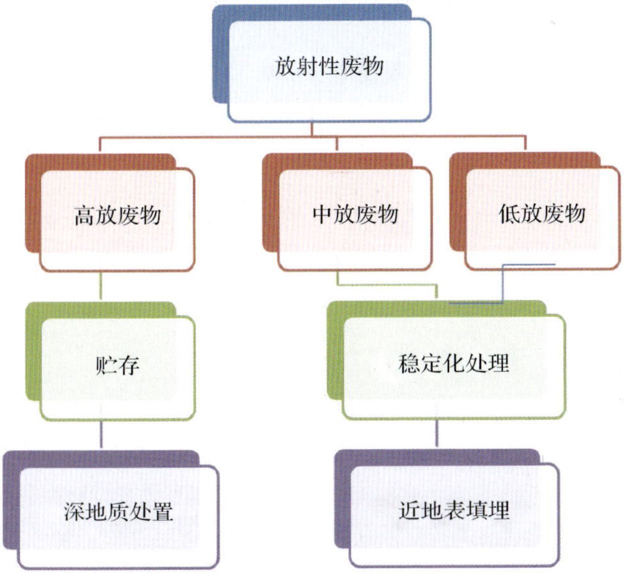

图6-2　常见的放射性固体废物处置方案

第七节　国家辐射环境监测网络系统

我国已初步建立了国家辐射环境监测网络系统，主要执行并开展了全国辐射环境质量检测；重点监督的核与辐射设施周围环境的监测；核与辐射事故应急监测等监测任务。截止2014年低，具体点位设置情况如表6-4所示，辐射环境质量检测能力体系如图6-3所示。未来还会进一步提高监测能力。

表6-4　我国国控点位置及点位数

国控点类型	国控点点位数
自动监测站	136
陆地辐射监测点	328
水体监测断面	108
土壤监测点	175
电磁辐射监测点	84
核环境安全预警站点	41（核电厂，研究堆等各类核反应堆，核燃料生产、加工、贮存和后处理设施，铀矿冶，伴生矿采选利用设施）

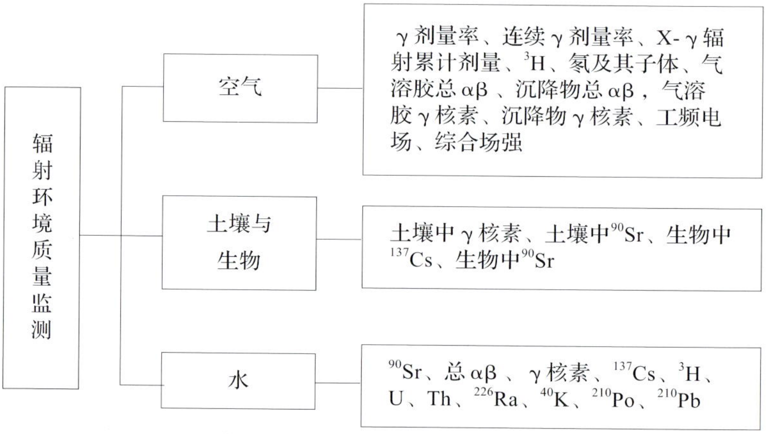

图6-3　辐射环境质量检测能力体系图

同时，地区辐射安全监督站（国家环保部国家核安全局派出机构）也要执行相应的辐射环境监测或检查任务：

1. 对核设施及铀矿冶营运单位开展的辐射环境监测进行监督检查；

2. 对核设施场内进行必要的辐射状况抽样检查；

3. 对核设施流出物排放情况进行监督检查，必要时进行流出物取样，并交由资质单位分析测量；

4. 行政区内核与辐射应急情况下第一时间到达现场，开展初步测量，将测量结果及时报告环境保护部。

国家辐射环境监测网络系统具体监测的内容和结果可上国家核安全局网站查询。

第七章 你想参与吗

在我国，核电是一项新兴工业，其环境保护工作的开展也牵涉到很多方面的因素。因为早期核工业的发展是从军工开始的，其技术的复杂性给公众带来神秘的感觉。实际上，核能并不神秘，核设施的环境保护工作也需要建设单位、各级政府、环境保护主管部门和公众的共同参与。

随着社会的不断发展，我国公众的安全环保意识日益增强，社会公众参与政府工作、了解政府工作的意愿不断加强。因此，科学地开展公众参与、准确及时地向社会发布核安全信息、持续向公众进行科普宣传有利于正确引导舆论、维护社会安定，保护人民群众的合法权益。

2015年1月1日执行的新环保法，专门设立了第五章《信息公开与公众参与》，明确了公民、法人和其他组织依法享有获取环境信息、参与和监督环境保护的权利，各级人民政府环境保护主管部门和其他负有环境保护监督管理职责的部门，应当依法公开环境信息、完善公众参与程序，为公民、法人和其他组织参与和监督环境保护提供便利。

第一节 公众参与与环境信息公开的相关管理规定

环境保护部按照相关法律法规要求，先后制定了相应的管理办法，主要包括有《环境信息公开办法（试行）》《环境保护公众参与办法》《企业事业单位环境信息公开办法》《环境影响评价公众参与暂行办法》《建设项目环境影响评价政府信息公开指南（试行）》等，以进一步规范信息公开和公众参与工作。

1.《环境信息公开办法（试行）》（原环境保护总局令第35号）

《环境信息公开办法（试行）》于2007年2月8日经国家环境保护总局2007年第一次局务会议通过，自2008年5月1日起试行。

《办法》共五章二十九条。第一章《总则》规定了环境信息公开的目的、依据、相关概念、主管部门及其职责、原则、义务主体和权力主体等；第二章《政府环境信息公开》规定了政府环境信息公开的范围、方式和程序；第三章《企业环境信息公开》规定了企业自愿公开和强制公开的环境信息及相关程序、方式，以及对自愿公开信息的企业的激励措施；第四章《监督与责任》规定了环保部门和强制公开信息的企业的责任追究，以及公众的监督和权益诉讼；第五章《附则》说明了该办法的实施日期。

2.《环境保护公众参与办法》（环境保护部部令第35号）

《环境保护公众参与办法》于2015年7月2日由环境保护部部务会议通过，是自新修订的《环境保护法》实施以来，首个对环境保护公众参与做出专门规定的部门规章。2015年9月1日起正式施行。

《办法》共20条，主要内容包括：立法目的和依据，适用范围，参与原则，参与方式，各方主体权利、义务和责任，配套措施等。

一是原则依据强。《办法》以新修订的《环境保护法》第五章“信息公开和公众参与”为立法依据，吸收了《环境影响评价法》《环境影响评价公众参与暂行办法》《环境保护行政许可听证暂行办法》等有关规定，参考了环境保护部过去出台的有关文件和指导意见，借鉴了部分地方省市已经出台的有关法规、规章，较好地反映了我国环境保护公众参与的现状，制定的各项内容切合实际，具有较强的可操作性。《办法》强调依法、有序、自愿、便利的公众参与原则，将全面依法治国与全面加强环境社会治理有机结合，努力满足公众对生态环境保护的知情权、参与权、表达权和监督权，体现了社会主义民主法治的参与机制。

二是参与方式广。《办法》明确规定了环境保护主管部门可以通过征求意见、问卷调查，组织召开座谈会、专家论证会、听证会等方式开展公众参与环境保护活动，并对各种参与方式作了详细规定，贯彻和体现了环保部门在组织公众参与活动时应当遵循公开、公平、公正和便民的原则。近年来，公众参与环境事务的热情日益高涨，但也随之出现盲目参与、过激参与等问题，《办法》的出台，让公众参与环保事务的方式更加科学规范，参与渠道更加通畅透明，参与程度更加全面深入。

三是监督举报实。《办法》支持和鼓励公众对环境保护公共事务进行舆论监督和社会监督，规定了公众对污染环境和破坏生态行为的举报途径，以及地方政府和环保部门不依法履行职责的，公民、法人和其他组织有权向其上级机关或监察机关举报。为调动公众依法监督举报的积极性，《办法》要求接受举报的环保部门，要保护举报人的合法权益，及时调查情况并将处理结果告知举报人，并鼓励设立有奖举报专项资金。通过这些详细措施，《办法》将监督的“利剑”铸实、磨快并交与公众，建立健全全民参与的环境保护行动体系。

四是保障措施多。《办法》强调环保部门有义务加强宣传教育工作，动员公众积极参与环境事务，鼓励公众自觉践行绿色生活，树立尊重自然、顺应自然、保护自然的生态文明理念，形成共同保护环境的社会风尚。《办法》还提出，环保部门可以对环保社会组织依法提起环境公益诉讼的行为予以支持，可以通过项目资助、购买服务等方式，支持、引导社会组织参与环境保护活动，广泛凝聚社会力量，最大限度地形成治理环境污染和保护生态环境的合力。

3.《企业事业单位环境信息公开办法》（环境保护部部令第31号）

《企业事业单位环境信息公开办法》于2014年12月15日由环境保护部部务会议审议通过，自2015年1月1日起施行。

《企业事业单位环境信息公开办法》共18条，对信息公开主体和范围、公开方式、建立信用评价制度、强制公开、法律责任、奖励等做出了明确规定。

4.《环境影响评价公众参与暂行办法》与《建设项目环境影响评价政府信息公开指南（试行）》

《环境影响评价公众参与暂行办法》与《建设项目环境影响评价政府信息公开指南（试行）》主要是针对环境影响评价的编制、申报、审批等过程中的公众参与和信息公开制订的文件。

《环境影响评价公众参与暂行办法》是由原环境保护总局环发〔2006〕28号文颁布实施的。《办法》是我国环保领域第一部有关公众参与的规范性文件，包括有：总则、公众参与的一般要求、公众参与的组织形式、公众参与规划环境影响评价的规定、附则等5方面内容。它不仅明确了公众参与环评的权利，而且规定了参与环评的具体范围、程序、方式和期限，有利于保障公众的环境知情权。

《建设项目环境影响评价政府信息公开指南（试行）》是由环境保护部环办〔2013〕103号文颁布实施的。《公开指南》明确了环境影响评价信息的定义，主动公开范围、主动公开方式、主动公开期限和建设项目环境影响评价文件审批信息的主动公开内容等内容。

第二节　核燃料循环建设项目环境影响报告书的公众参与与信息公开

核设施建设项目环境影响报告编制时的公众参与与环境信息公开。

（1）环境影响报告编制时建设单位的公众参与与环境信息公开。

国家鼓励公众参与环境影响评价活动。公众参与实行公开、平等、广泛和便利的原则。建设单位或者其委托的环境影响评价机构在编制环境影响报告书的过程中，应开展征求公众意见的活动，并在报告书中编制公众参与篇章（国家规定需要保密的情形除外）。报告书编制时可先以简本的形式开展信息公开与公众参与的工作。

环境影响评价中的公众参与，首先要做好两方面工作：信息公开和征求公众意见。两方面相辅相成，相互促进。信息公开的内容、程序、手段，公众参与的组织形式等在《环境影响评价公众参与暂行办法》中都已有明确规定。

环境影响评价单位在完成环境影响评价报告书最终编制后，还应按照《建设项目环境影响评价政府信息公开指南（试行）》的要求，全本公开（国家规定需要保密的情形除外）。

（2）审批活动时环境保护主管部门的公众参与与环境信息公开。

①主动公开范围：

a.环境影响评价相关法律、法规、规章及管理程序。

b.建设项目环境影响评价审批，包括：环境影响评价文件受理情况、拟作出的审批意见、作出的审批决定。

c.建设项目竣工环境保护验收，包括：竣工环境保护验收申请受理情况、拟作出的验收意见、作出的验收决定。

d.建设项目环境影响评价资质管理信息，包括：建设项目环境影响评价资质受理情况、审查情况、批准的建设项目环境影响评价资质、环境影响评价机构基本情况、业绩及人员信息。

公开环境影响评价信息，删除涉及国家秘密、商业秘密、个人隐私以及涉及国家安全、公共安全、经济安全和社会稳定等内容应按国家有关法律、法规规定执行。

②主动公开方式：

a.各级环境保护主管部门应将主动公开的环境影响评价政府信息通过本部门政府网站公开。

b.有条件的部门可采取其他多种公开方式，如通过行政服务大厅或服务窗口集中公开；通过电视、广播、报刊等媒体公开。

③公开内容：

a.建设项目环境影响评价文件审批信息的主动公开内容：

——受理情况公开；

——拟作出审批意见公开；

——作出审批决定公开。

b.建设项目竣工环境保护验收信息的主动公开内容：

——受理情况公开；

——拟作出审批意见公开；

——作出审批决定公开。

c.作出批准资质决定公开。

环境保护部作出批准建设项目环境影响评价资质决定后向社会公开审批情况。环境保护主管部门还可以通过征求意见、问卷调查，组织召开座谈会、专家论证会、听证会等方式征求公民、法人和其他组织对环境保护相关事项或者活动的意见和建议。

d.辐射环境监测数据的公开。

如前所述，国家核安全局（国家环保部）应组织开展辐射环境监测和核设施、重点辐射源的监督性监测。我国也已经建立相关的监测网络。具体的辐射环境监测数据可通过国家核安全局官网查询，如图7-1所示。

同时，每年国家环保部也会出版《全国辐射环境质量报告》等相关报告。

图7-1 辐射环境监测数据

第三节　个人申请信息公开的途径和方式

为了更好地开展政府信息公开工作，方便公民、法人和其他组织（以下简称申请人）获得政府信息，根据《政府信息公开条例》和《环境信息公开办法（试行）》（以下简称《办法》），环境保护部编制有《环境保护部信息公开指南》和《环境信息公开目录》。两份文件详细列举了环境保护部应依法公开的信息。申请人可通过环境保护部政府网站（www.mep.gov.cn）、行政服务大厅（环境保护部东门）、中国环境报等查阅环境保护部应公开的相关信息。

如因为时效或其他原因，需要进一步获取更准确资料时，申请人在核实所需信息是否符合相关管理要求，如《环境信息公开目录》后，还可按照《环境保护部信息公开指南》中的提示方法，通过互联网或书面提出信息公开申请。

互联网方式：申请人在环境保护部政府网站上填写电子版《申请表》后，通过电子邮件方式发送至申请受理电子邮箱。

书面申请：申请人通过信函方式提出申请的，请在信封左下角注明“环境信息公开申请”的字样。申请人通过传真方式提出申请的，请注明“环境信息公开申请”的字样。

第八章 你可能关心的其他问题

1. 核电厂与火电站相比，环境影响究竟如何?

核电厂在正常运行中，对环境的影响主要来自三个方面：放射性物质释放，废热排放以及化学物质的排放。其中废热的排放与普通火电站相似，化学物质的排放对环境的影响甚微，人们最关心的是放射性物质释放对环境的影响。

核电厂反应堆在运行过程中，由于核燃料裂变和结构材料、腐蚀产物及堆内冷却水中杂质吸收中子均会产生各种放射性核素。只有极少量的裂变产物可通过核燃料元件包壳裂缝漏进冷却剂或慢化剂，排入环境。

核电厂正常运行时对公众所产生的辐照剂量约为0.02 mSv/a，远远小于宇宙射线、地壳辐射等射线贡献的剂量（约为2.4 mSv/a），也完全满足国际安全标准规定的（1 mSv/a）个人剂量限值的要求。

核电厂流出物（废液、废气）的排放经过严格的处理。放射性废液通过蒸发、离子交换、凝聚沉淀、过滤等方法处理达标后，采取槽式排放。浓缩液及高放射性废液，经浓缩后固化贮存。放射性废气经过过滤、贮存、衰减等过程，待其放射性水平达到允许值后，通过烟囱排入大气。国家对核电厂流出物的排放有明确的管理要求，通过年排放量限值对其一年的排放总量进行严格控制。经过对已运行的核电厂多年的监测，核电厂向环境释放的放射性物质对环境的影响甚微，周围环境的辐射水平与核电厂运行前的本底水平基本一致（见表8-1，图8-1）。

图8-1　给核电戴上“安全帽”

表8-1　核电厂和火电站对环境影响的比较

	需要的燃料	辐射剂量增值(毫希/年)	二氧化硫排放量(万吨/年)	氮氧化物排放量(万吨/年)	二氧化碳排放量(万吨/年)
100万千瓦核电厂	30吨核燃料/年	0.02	0	0	0
100万千瓦火电厂	300万吨煤/年	0.05	2(会导致酸雨)	1	600(会导致温室效应)

2. 核废水泄漏可能对人体造成怎样的影响?

核设施产生的含放射性的废水正常情况下不允许排放，这些废水要通过净化去除放射性物质，净化后的含微量放射性物质的废水有控制地排入环境。核设施设计时已经考虑了万一发生泄漏事故时的收集设施或措施，如果有少量废水进入环境水体，要对水体进行监测，必要时限制对水体的使用，以防止可能对公众造成的影响。

放射性物质进入水源或水体后，将在水中迁移和弥散开来，并在水生动植物中浓集。水中放射性核素的浓度将与释放到水中的放射性物质的量、放射性物质的理化性质及水体性质（水体体积、水体流速及其他水力学特性等）因素有关。

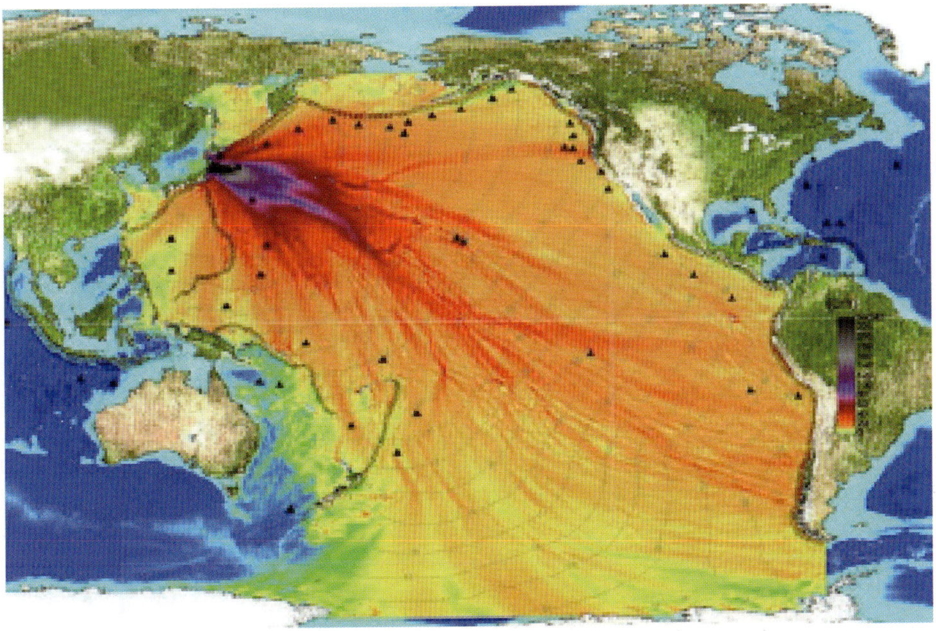

图8-2 福岛核事故废水泄漏污染扩散示意图

放射性物质进入水源或水体的可能后果是使水源或水体受到放射性污染（包括化学污染）。受放射性污染的水体将可能主要通过内照射途径（食入污染的水或水生生物，以及食入用污染水灌溉的农作物）对人体产生辐射照射。可以看出，放射性污染的水对人体的危害途径及大小直接与水源的利用情况有关，一般更关注的是污染水的食入，其在公众中可能造成的心理社会影响往往要远大于放射性污染的水对公众健康的可能影响。

3. 乏燃料运输过程中是否对环境有放射性影响?

乏燃料组件是指经过一段时间的运行，燃耗深度已达到设计卸料燃耗，从堆中卸出且不再在该反应堆中使用的核燃料组件。其特性包括：（1）具有强放射性；（2）会持续释放高衰变热。

乏燃料运输使用经过特殊设计的乏燃料运输罐，对环境几乎没有影响。运输过程中配备有辐射监测设备、防护用品和防盗、防破坏设备，并编制运输说明书、核与辐射事故应急响应指南、装卸作业方法、安全防护指南。运输说明书包括放射性物品的品名、数量、物理化学形态、危害风险等内容。

图8-3　乏燃料元件运输示意图

4. 辐射污染可以从水中去除吗?

规范的水处理工艺，例如利用萃取、沉淀、过滤、反渗透膜技术、离子交换、蒸发等化学或物理方法可去除大量水中放射性污染物。

图8-4　去除水中放射性污染的方法

5. 什么是热污染? 热污染对环境有哪些影响?

温度上升了的循环冷却水直接排放到环境水圈中，即温排水（或热废水），核电厂大量温排水可能对海洋生态系统造成影响。

（1）水体增温会造成溶解氧的改变，热排放会改变水体的理化性质，加速水体的富营养化过程。

（2）热排放会造成底栖动物栖息场所的减少，其中夏末至中秋期间影响最大。

（3）核电厂高温排放水体增温3 ℃时，会促进浮游动物种类数量和生物量的增加，冬季尤为明显。当水温超过一定范围，浮游动物数量会急剧减少。

（4）鱼类喜欢比环境略高的温度。热排放会增加畸形鱼的比例，对有洄游习性的鱼类迁徙活动也会产生较大影响。

我国的核电厂在建设前会全面考虑核电厂热污染的影响。通过合理设置排放口，改变排放方式等途径降低核电厂带来的热污染伤害，使其环境中的水温变化满足国家标准2 ℃。

6. 福岛核事故后辐射环境影响究竟如何？

国际原子能机构国际事实调查专家组针对日本东部大地震和海啸引发的福岛第一核电厂核事故调查报告指出：2011年3月11日，日本东部大地震引发海啸，导致福岛核电厂6个反应堆多台发生了严重的堆芯损坏，根据联合国原子辐射效应科学委员会（UNSCEAR）2013年报告书中的评估，100 ~ 500 pBq的^{131}I和6 ~ 20 pBq ^{137}Cs释放到大气中，约为切尔诺贝利事故的1/10和1/5。先后撤离居民88 000人。产生了大量放射性固体废物和液体废物。估计成人在撤离前和撤离中所受有效剂量平均不到10 mSv，1岁婴儿所受有效剂量约为成人1倍。对海洋和陆地非人类物种产生的照射通常都太小，很难观察到急性效应。对海洋生物的影响限于高放射性水释放点附近。在放射性物质沉降很高的有限区域内，不能排除某些生物的生物学指标发生连续变化，总体而言，福岛核事故产生的经济损失是巨大的，但对任何环境的辐射影响是有限的。然而其影响仍是社会和公众难以接受的。

福岛核事故为核电发展提供了很多经验。核电安全性正在进一步提高中。

7. 核电厂会不会像原子弹一样爆炸?

核电厂和原子弹都是利用核裂变能，但是两者差别极大，原子弹为瞬时大量释放能量所特殊设计的一种装置，而核电厂是核裂变能有控、稳定释放的一种装置。为了保障可控、稳定，核电厂采用一整套设计方式，确保在任何情况下都不会发生核爆炸。此外核电厂与原子弹的利用方式和浓度不同。核电厂是对核裂变能进行可控和稳定的利用，原料铀-235的浓度只有3%左右；原子弹是短时间能量集聚，且铀-235的浓度在90%以上。切尔诺贝利和福岛核事故分别是蒸汽和氢气爆炸，并不是核爆炸。蒸汽爆炸是由机械能引起的物理爆炸，氢气爆炸是由化学能释放而产生的爆炸，核爆炸是核能的瞬时释放。从后果来说，核电厂蒸汽爆炸和氢气爆炸本身不会释放放射性物质，而是由于破坏了包容系统而导致反应堆内部分放射性物质释放。更为细致的说，核电厂不会像原子弹一样爆炸，有以下几点原因：

第一，原子弹使用的核炸药是钚或者高浓缩铀，而核电厂使用的核燃料是低浓缩铀。低浓缩铀的主要成分是铀-238，易裂变核素铀-235相对较少，中子被有效用于触发铀-235裂变的概率较低。核武器使用的高浓缩铀仅含有很少量的铀-238，绝大部分都是易裂变的铀-235，因此中子被有效用于触发铀-235裂变的概率很高，能够发生不可控链式反应，成为超临界系统。

第二，原子弹内的主要成分都是为了裂变而存在的，与裂变反应无关的物质很少。而核电厂的反应堆内有着大量的冷却剂、慢化剂和结构材料。这些材料吸收了大量的中子，并将核反应过程中释放的能量转变为电能。

第三，原子弹引爆的机制是通过引爆高能炸药将原本分离的核炸药聚集到一起，使其超过临界体积而瞬间发生超临界的链式反应。而核电厂使用的反应堆芯则通过控制装置和固有的反应性反馈特性，一旦反应速率过高就会自动降低反应速率。在核电厂的结构设计下，核燃料几乎不可能有机会发生速度较高的链式反应。

因此，我们可以认为，核电厂不会像原子弹一样爆炸引发巨大的破坏。

参考文献

[1] 陈竹舟，叶常青. 核与辐射防护手册[M]. 北京:科学出版社, 2011.
[2] 王晓峰. 辐射、人与环境[M]. 北京:原子能出版社, 2006.
[3] 潘自强，等. 辐射安全手册[M]. 北京:科学出版社, 2011.
[4] 潘自强，等.中国核工业三十年辐射环境质量评价[M]. 北京：原子能出版社，1990.
[5] 潘自强，等.内陆核电厂及核能发展中的几个重要安全、环境问题研究[M]. 北京：中国原子能出版社，2015.

后 记

随着我国核能事业的蒸蒸日上，公众环保意识逐渐提高，核燃料循环相关环保制度正在深入改革。本书希望能对公众进一步了解核燃料循环辐射环境影响提供帮助。由于编者能力有限，且时间仓促，难免有不足之处，敬请读者们批评指正，以便后续修订。